全国高职高专教育土建类专业教学指导委员会规划推荐教材

供热系统调试与运行（第二版）

（供热通风与空调工程技术专业适用）

本教材编审委员会组织编写

马志彪　主编

中国建筑工业出版社

图书在版编目（CIP）数据

供热系统调试与运行/马志彪主编．—2版．—北京：
中国建筑工业出版社，2015.12（2021.12重印）
全国高职高专教育土建类专业教学指导委员会规划推
荐教材（供热通风与空调工程技术专业适用）
ISBN 978-7-112-18720-1

Ⅰ.①供…　Ⅱ.①马…　Ⅲ.①供热系统-高等职业教
育-教材　Ⅳ.①TU833

中国版本图书馆CIP数据核字（2015）第278285号

本书是全国高职高专教育土建类专业教学指导委员会规划推荐教材。
全书共分六章，主要内容包括：调节与控制装置、供热系统的初调节、供
热系统的运行调节基本原理和方法、热计量热水供暖系统的控制与调节、
热水供暖系统运行工况分析和人工调节、供热系统和设备的运行维护管
理。本书适用于供热通风与空调工程技术专业及相关专业。

课件网络下载方法：请进入 http://www.cabp.com.cn 网页，输入本书
书名查询，点击"配套资源"进行下载；或发邮件至524633479@qq.com求
取课件。

* 　 * 　 *

责任编辑：张　健　齐庆梅　朱首明　李　慧
责任校对：张　颖　赵　颖

全国高职高专教育土建类专业教学指导委员会规划推荐教材
供热系统调试与运行（第二版）
（供热通风与空调工程技术专业适用）
本教材编审委员会组织编写
马志彪　主编

*

中国建筑工业出版社出版、发行（北京西郊百万庄）
各地新华书店、建筑书店经销
北京红光制版公司制版
北京建筑工业印刷厂印刷

*

开本：787×1092毫米　1/16　印张：7¾　字数：183千字
2016年3月第二版　　2021年12月第八次印刷
定价：**18.00**元（附网络下载）
ISBN 978-7-112-18720-1
（27962）

供热通风与空调工程技术专业教材
编审委员会名单

主　任：符里刚

副主任：吴光林　高文安　谢社初

委　员：汤万龙　高绍远　王青山　孙　毅　孙景芝

　　　　吴晓辉　余增元　杨　婉　沈瑞珠　黄　河

　　　　黄奕沄　颜凌云　白　桦　余　宁　谢　兵

　　　　蒋志良　赵瑞军　苏长满　苏德全　吴耀伟

　　　　王　丽　孙　岩　高喜玲　刘成毅　马志彪

　　　　高会艳　李绍军　岳亭龙　商利斌　于　英

　　　　杜　渐　张　炯

序　言

　　近年来，建筑设备类专业分委员会在住房和城乡建设部人事司和全国高职高专教育土建类专业教学指导委员会的正确领导下，编制完成了高职高专教育建筑设备类专业目录、专业简介。制定了"建筑设备工程技术"、"供热通风与空调工程技术"、"建筑电气工程技术"、"楼宇智能化工程技术"、"工业设备安装工程技术"、"消防工程技术"等专业的教学基本要求和校内实训及校内实训基地建设导则。构建了新的课程体系。2012年启动了第二轮"楼宇智能化工程技术"专业的教材编写工作，并于2014年底全部完成了8门专业规划教材的编写工作。

　　建筑设备类专业分委员会在2014年年会上决定，按照新出版的供热通风与空调工程技术专业教学基本要求，启动专业规划教材的修编工作。本次规划修编的教材覆盖了本专业所有的专业课程，以教学基本要求为主线，与校内实训及校内实训基地建设导则相衔接，突出了工程技术的特点，强调了系统性和整体性；贯彻以素质为基础，以能力为本位，以实用为主导的指导思想；汲取了国内外最新技术和研究成果，反映了我国最新技术标准和行业规范，充分体现其先进性、创新性、适用性。本套教材的使用将进一步推动供热通风与空调工程技术专业的建设与发展。

　　本次规划教材的修编聘请全国高职高专院校多年从事供热通风与空调工程技术专业教学、科研、设计的专家担任主编和主审，同时吸收具有丰富实践经验的工程技术人员和中青年优秀教师参加。该规划教材的出版凝聚了全国高职高专院校供热通风与空调工程技术专业同行的心血，也是他们多年来教学工作的结晶和精诚协作的体现。

　　主编和主审在教材编写过程中一丝不苟、认真负责，值此教材出版之际，谨向他们致以崇高的敬意。衷心希望供热通风与空调工程技术专业教材的面世，能够受到高职高专院校和从事本专业工程技术人员的欢迎，能够对土建类高职高专教育的改革和发展起到积极的推动作用。

全国高职高专教育土建类专业教学指导委员会

建筑设备类专业分委员会

2015 年 6 月

第 二 版 前 言

本教材是全国高职高专教育土建类专业指导委员会规划推荐教材，是供热通风与空调工程技术专业的专业课教材之一。

北方地区供暖能耗是建筑能耗的主要组成部分，按需供热是暖通建筑节能的终极目标，供热系统的控制和运行调节是实现暖通系统按需供热的主要技术和手段。随着供热技术的发展和集中供热的普及，供暖系统的调试和运行技术显得更加重要，是暖通专业从事设计、施工、监理、物业管理、供热企业技术管理人员必须掌握的技术。所以，对本教材的修订是非常必要的。

本教材修订是在原教材框架内容基本不变的前提下，对原教材的内容进行修订，删除一些理论性较强的内容，增加一些操作性强的实用性内容。主要是在修编原教材的基础上，在"调节与控制装置"篇章中增加了"电动调节阀"一节；将原第三章"供热系统的运行调节"更名为"供热系统的运行调节基本理论和方法"，并增加了实用性较强的"热水供暖系统运行工况分析和人工调节"一章。

参加本教材编写的有内蒙古建筑职业技术学院马志彪、谭翠萍、曲俊峰，全书由马志彪教授主编并统稿，谭翠萍教授为副主编。具体编写分工是：绪论、第四章、第五章、第六章第一节由马志彪编写；第一章、第二章由谭翠萍编写；第三章第一、三节，第六章的第二、三、四节由曲俊峰编写；第三章的第二节由马志彪、曲俊峰合编。

由于编者业务水平有限，有不足之处，敬请读者批评指正。

在此并向本书参考文献的作者表示感谢！

第 一 版 前 言

本书是全国高职高专教育土建类专业教学指导委员会规划推荐的"供热通风与空调工程技术"专业的专业课教材之一。全书共分五章,内容包括供热系统调节控制装置、初调节、运行调节、热计量供暖系统的调节控制、供热系统和设备的运行维护管理。

为了使本教材的内容比较实用、新颖、系统、完整,我们在书的章节编排上不同于以前的同类教材,在书的内容选用上尽可能介绍最新产品和技术。如用专门的一章介绍了热计量热水供暖系统的调节控制,在供暖系统运行调节一章中介绍了分阶段改变供水温度的量调节方法等。通过本教材的学习,不仅能使学生了解和掌握供热系统调试与运行方面的内容,为今后做好供热系统运行管理工作打下基础,而且能进一步加深学生对供热工程技术的理解,从而有利于更好地做好供热工程的设计、施工工作。

参加本书编写的有内蒙古建筑职业技术学院马志彪、谭翠萍、曲俊峰,全书由马志彪副教授主编并统稿,谭翠萍副教授为副主编。具体编写分工是:绪论、第四章、第五章第一节由马志彪编写;第一章、第二章由谭翠萍编写;第三章第一、三节、第五章第二、三、四节由曲俊峰编写;第三章第二节由马志彪、曲俊峰合编。山西建筑工程职业技术学院贾永康副教授审核了全书,为本书的编写提出了许多宝贵的建议。

由于编者水平有限,有不足之处,敬请读者批评指正。

在此并向本书参考文献的作者表示感谢。

目　录

绪 论

一、供热系统调试与运行调节的意义

目前，我国的供暖系统与先进国家相比相当落后，具体体现在两个方面：一是供暖质量差，即供暖用户室内温度高低不均匀和不稳定，有的用户室温太高甚至开窗户，有的用户室温低于16℃，不断向政府或媒体投诉；同一用户有时室温太高，有时又室温太低。二是供暖能耗大，旧有建筑的供暖能耗指标是国外先进国家的 2～3 倍。造成我国目前供暖系统现状的原因有很多，其中最主要的原因之一是系统缺乏控制手段和科学合理的运行调节管理措施。

（一）供暖系统的调试与运行调节是保证供暖质量的基本条件

我国的旧有供暖系统上调节控制的阀门通常是普通的闸板阀、截止阀或蝶阀。因此，系统只有简单的静态调节手段，当系统的实际运行水力工况与设计水力工况不同时，靠系统的调节很难使系统水力平衡，因而造成系统水力失调，供暖用户的流量供需不一致，流量供大于求的供暖用户室温高，流量供小于求的用户室温低，即供暖质量差。若供暖系统根据自身特点，在相应的部位装设调节性能好，甚至可自动调节的调节阀和温控器，在设计、施工质量保证的前提下，通过合理的初调节可保证供暖用户的流量供需基本一致，各用户的室温基本均匀，从而可保证供暖系统的供暖质量。

供暖系统各热用户室温不均匀主要是系统不能很好地初调节，导致系统水力失调造成的。热用户室温高低不稳定主要是供暖没有或不能进行很好的运行调节造成的。我国现有供暖系统大多数缺乏运行调节的自动调节控制装置，热源运行操作人员又缺乏运行调节知识，很多燃煤锅炉房的运行操作人员凭感觉烧锅炉，因而出现了"天气越热，用户室温越高；天气越冷，用户室内温度越低"的现象。若供暖系统有较完善的运行调节自控装置，再加上热源操作人员科学合理的运行操作，供暖用户的室温就不会随室外温度的变化而不稳定，从而可保证供暖系统的供暖质量。

（二）供暖系统的调试与运行调节是建筑节能的主要措施

建设部于 1986 年颁布了我国第一部建筑节能标准，即《民用建筑节能设计标准》（采暖居住建筑部分）（JGJ 26—86），目标是在 1980、1981 年当地通用设计的基础上节能 30%。1995 年 12 月建设部又批准了上述标准的修订稿，并自 1996 年 7 月 1 日起实施，目标节能率为 50%。节能标准提出的目标应通过两个方面的措施来达到，一是建筑围护结构的节能措施，二是供暖系统的节能措施。

供暖系统通过初调节能基本达到水力平衡，这是供暖系统节能措施之一。没有调节装置从而不能进行良好调节的供暖系统，其能源浪费体现在两个方面：一方面由于系统水力不平衡，用户冷热不均匀，为了将不热的部分用户的室温提高到要求范围之内或尽量提高，热源的供水温度需要提高，供暖时间也需要延长，而此时很多原来热的用户室温过高，可能开窗户，由此导致供暖系统的能源浪费。另一方面由于系统水力不平衡，用户冷

1

热不均匀,为了让不热的用户热起来,热源的循环水泵扬程加高、流量加大、运行时间加长,这无疑也大大增加了供暖系统的能耗。所以,在供暖系统中设置高质量、可自动调节的调节装置,以及在供暖系统运行时进行科学合理的初调节是供暖系统的主要节能措施之一。

供暖系统通过运行调节管理,使各用户的室温基本稳定也是供暖系统节能的主要措施。不能或没有进行合理运行调节的供暖系统,会出现室外温度高的时候用户室温太高,甚至有开窗户的现象,这种现象肯定会导致热能的浪费,若供暖系统设置了运行调节相关的装置和设备,可进行合理的运行调节,可以避免这种现象的发生,这样既能保证供暖质量又可节能。

二、本课程的主要内容

本课程主要以集中的热水供暖系统为对象,介绍供暖系统调试、运行调节与维护管理方面的以下几部分内容:

(一)调节与控制装置

当前国内外出现了一些新型的供暖系统初调节和运行调节的调节控制装置,如散热器温控阀、平衡阀、自力式控制阀、气候补偿器。这些装置的构造、性能、工作原理、应用场合、选型方法都是我们要学习掌握的。

(二)供热系统的初调节

热水供暖系统的水力平衡是保证系统节能和有良好供暖效果的关键。所以,本书介绍了热水供暖系统初调节的概念、必要性及各种调节方法。

(三)供热系统的运行调节基本原理和方法

供暖系统的运行调节是供暖系统调试与运行更关键的内容,随着自控和计算机技术的发展,运行调节方法更科学、更自动化。所以,深入了解供热系统的各种运行调节方法,能针对供暖系统的特点,选择和应用先进的调节方法,这是学习本课程的主要目的之一。

(四)热计量热水供暖系统的调节与控制

供暖系统的分户控制与计量,是供暖体制改革势在必行的课题。热计量热水供暖系统由于用户的自主调节,给供暖系统的调节控制提出了新问题,因此,要详细了解热计量供暖系统的运行特点、散热器的热力工况、不同供暖系统的控制方案、循环水泵的变流量调节等内容。

(五)热水供暖系统运行工况分析和人工调节

目前一些老旧热水供暖系统和小城镇中小型集中供暖系统,由于缺少完善的自动监控系统,导致供热系统运行工况的分析和调节仍需由人工来完成。所以,本书也介绍了人工调节的必备条件和热水供暖系统运行工况分析和人工调节的方法。

(六)供热系统和设备的运行维护管理

本书最后一部分介绍了供暖系统和设备运行维护管理的概念、分类、内容及运行维护管理的人员资格与配置,介绍了热力站、供热管网、室内供热系统的运行维护管理方法、常见故障及其处理方法。

三、供热系统调试与运行管理技术的发展

随着供暖技术、自动控制与计算机技术的发展,在国家建筑节能法规逐步实施,供暖收费制度改革深入,居民用热观念转变的条件下,将传统的、难以控制的低效率的稳态供暖系统改变成先进的、充分自动控制的、高效节能的动态供暖系统是今后供热系统调试与

运行管理的发展目标。但这一目标的实现，不仅需要政府的支持和各方面各部门的协作，而且需要大量的资金、技术和人力的投入。理论分析、试点实践、国外经验综合表明：动态控制调节的供暖系统能够大量节能、提高供热品质，加速回收添置控制功能所增加的投资。所以，供热系统动态运行调节控制向自动化、计算机化发展的目标一定能实现。

第一章 调节与控制装置

为保证供热系统在规定的设计流量下运行，达到室内所要求的温度，除设计合理外，还需进行正确的调节。而对于供热系统无论是初调节，还是运行调节，流量调节都是关键的一环。要想实现流量调节和室温控制，就必须采用各种调节和控制装置。

本章重点介绍各种调节与控制装置的构造、性能及工作原理。

第一节 阀门的调节特性

阀门的调节特性是指阀门的流量特性和阻力特性。阀门的流量特性反映了阀门本身特有的调节性能，而阻力特性反映了阀门的流通能力。

一、流量特性

流量特性是指介质流过阀门的相对流量与阀门相对开度之间的关系，即：

$$\overline{G} = f(\overline{L}) \tag{1-1}$$

$$\overline{G} = \frac{G}{G'} \tag{1-2}$$

$$\overline{L} = \frac{L}{L'} \tag{1-3}$$

式中　$\overline{G}$——相对流量；

　　　$\overline{L}$——相对开度；

　G，G'——分别为阀门任意开度及全开时的流量；

　L，L'——分别为阀门的任意开度及全开度。

一般情况下，改变阀门的阀芯与阀座之间的节流面积，便可调节流量。但实际上由于各种因素的影响，在节流面积变化的同时，还会发生阀前阀后压差的变化，而压差的变化也会引起流量的变化。因此，流量特性有理想流量特性和工作流量特性两个概念。

（一）理想流量特性

所谓理想流量特性是指阀门前后压差固定不变的情况下得到的流量特性。

对于任一阀门，其水力特性满足：

$$\Delta H = SG^2 \tag{1-4}$$

式中　ΔH——阀门前后压差，mH_2O；

　　　S——阀门的阻力特性系数，$mH_2O/(m^3 \cdot h^{-1})^2$；

　　　G——通过阀门的流量，m^3/h。

根据理想流量特性的定义，我们研究阀门理想流量特性，实质上就是在上式中 ΔH 固定不变的条件下，研究阀门阻力系数 S 与流量 G 之间的关系。因为阀门阻力系数 S 只取决于阀门的本身结构，所以，理想流量特性是阀门本身固有的特性，它直接反映了阀门的调节性能。

典型的理想流量特性有线性流量特性、等百分比流量特性和快开流量特性。

图 1-1 所示为理想流量特性曲线图，横坐标表示相对开度 $\overline{L}$，纵坐标表示相对流量 $\overline{G}$。图中曲线 1 为线性流量特性曲线，曲线 2 为等百分比流量特性曲线，曲线 3 为快开流量特性曲线。

1. 线性流量特性

从图 1-1 上可以看出线性流量特性曲线 1 实际上是一条直线，它表示阀门的相对流量 $\overline{G}$ 与相对开度 $\overline{L}$ 成直线关系，即当阀门从小逐渐开大时，相对流量增加的百分比和阀门相对开度增加的百分比相同。如图所示，当相对开度从 10% 开大到 20% 时，相对流量也从 10% 增加到 20%；当相对开度从 40% 开大到 50% 时，相对流量从 40% 增大到 50%；当相对开度从 80% 开大到 90% 时，相对流量同样也从 80% 变化到 90%。

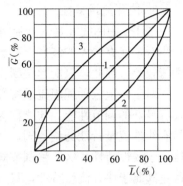

图 1-1　理想流量特性曲线

以相对开度 10%，40% 和 80% 三点看，其相对开度变化 10% 所引起的相对流量的变化是相等的，均为 10%，但流量变化量分别为：

$$\frac{20-10}{10} \times 100\% = 100\%$$

$$\frac{50-40}{40} \times 100\% = 25\%$$

$$\frac{90-80}{80} \times 100\% = 12.5\%$$

可见，线性特性在开度变化相同时，在小开度下流量的变化量大；在大开度下，流量的变化量小。因此，在小负荷时流量调节过于灵敏，不容易控制，与系统配合不好会产生振荡，有时甚至可能关死阀门。在大负荷时，调节不容易及时，调节不灵敏。

2. 等百分比流量特性

从图 1-1 可以看到，等百分比流量特性曲线 2 是向下弯的一条曲线。当相对开度从 10% 开大到 20% 时，相对流量将从 4.67% 增加到 6.58%；相对开度从 40% 增大到 50% 时，相对流量从 18.3% 增大到 25.6%；相对开度从 80% 变为 90% 时，相对流量从 54.7% 变为 76.4%。相对应的流量变化量分别为：

$$\frac{6.58-4.67}{4.67} \times 100\% = 40\%$$

$$\frac{25.6-18.3}{18.3} \times 100\% = 40\%$$

$$\frac{76.4-54.7}{54.7} \times 100\%$$

由以上分析可以看出，当相对开度增加量相同时，阀门在任何开度下所引起的流量变化量是相等的。如在上述分析中，相对开度在 10%、40% 和 80% 三个点上均增加 10%，所引起流量的变化量皆为 40%。因此，具有等百比流量特性的阀门，其特点是流量的变化量和相对开度的增强量成直线关系。

具有该流量特性的阀门，其调节性能优于线性流量特性的阀门，小开度下流量的调节量小，大开度下流量的调节量大。也就是说在小负荷时，流量变化小；在大负荷时，流量变化大。这符合实际供暖效果的要求。因此，这种阀门在接近全关时，工作缓和平稳，而在接近全开时，工作灵敏有效，它适合于负荷变化幅度大的系统。

3. 快开流量特性

图 1-1 中曲线 3 是快开流量特性曲线，该曲线是一条向上凸起的曲线。当相对开度比较小时，就有较大的流量，随着相对开度的增大，流量很快就达到最大值。这种阀门调节性能较差。因此，只能起关断作用，不能用来调节流量。

对于以上三种理想流量特性，只有具有线性流量特性和等百分比流量特性的阀门，才具有良好的调节性能，才能称为调节阀。具有等百分比特性的调节阀，其调节性能优越于具有线性流量特性的调节阀，如我们后面要讲的平衡阀。普通的调节阀、蝶阀的流量特性接近于线性特性。这几种调节阀的调节性能目前在国内属于比较好的。目前通用的闸阀、截止阀属于快开流量特性，只起关断流量的作用。因此，在供热系统中，应优先选用等百分比流量特性的调节阀。

（二）工作流量特性

前面所讲的理想流量特性是在阀门前、后压差固定不变的情况下得到的，但在实际使用时，阀门装在具有阻力的管道系统上，阀门前后压差不可能保持不变。因此，尽管阀门在同一开度下，通过阀门的实际流量与理想特性时所对应的流量也不会相同，所以还必须研究工作条件下的流量特性。

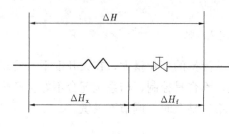

图 1-2　阀门工作状态

所谓工作流量特性是指阀门前、后压差随工况变化的情况下，所得到的流量特性，即相对流量 $\overline{G}$ 与相对开度 $\overline{L}$ 之间的关系。

图 1-2 所示为阀门在供热系统中处于工作状态的情形。ΔH_f 为阀门的压降，ΔH_x 为系统阻力压降（不包括阀门），ΔH 为系统总压降，系统总压降应为阀门压降与系统阻力压降之和。

若令：

$$S_f = \frac{\Delta H'_f}{\Delta H'_f + \Delta H_x} \qquad (1-5)$$

式中　S_f——阀门的调节能力，也称阀权度；

$\Delta H'_f$——阀门全开时的压降。

S_f 在数值上等于阀门在全开状态下，阀门压降占系统总压降的百分比。

若供热系统中管道、设备无阻力损失时，即系统的总压降全部落在阀门前时，$\Delta H_x = 0$，$S_f = 1$，阀门的实际工作特性与理想特性是一样的。当 S_f 值不同时，阀门的工作流量特性亦不同。图 1-3 所示为阀门的工作流量特性曲线图，（a）图为线性流量特性，（b）图为等百分比流量特性。它反映了阀门在实际工作中相对流量 $\overline{G}$ 与相对开度 $\overline{L}$ 的关系。

从图中我们可以看到，随着管道系统阻力 ΔH_x 的增加，S_f 值的减小，阀门的工作特性曲线与理想流量特性曲线的偏畸越来越大。直线流量特性渐趋快开特性，等百分比流量

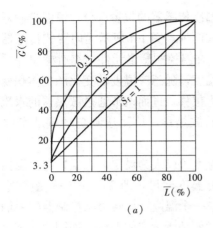
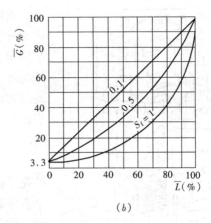

图 1-3 工作流量特性曲线

(a) 线性流量特性曲线；(b) 等百分比流量特性曲线

特性渐趋直线特性。

出现阀门工作流量特性偏离理想流量特性的原因是因为阀门在工作状态下，决定供热系统流量和压降的主要因素是系统的总阻力特性，而不单纯是阀门本身的阻力特性。因此，阀门本身的阻力特性系数（或压降）在整个供热系统的阻力特性系数（或压降）中所占比重越大，阀门的工作流量特性越接近于理想流量特性。

二、阻力特性

阀门的阻力特性方程 $\Delta H = SG^2$ 还可写成下式

$$G = K_v \sqrt{\Delta H} \tag{1-6}$$

式中　K_v——阀门的流量系数，它反映了阀门在某一开度下的流通能力。对应不同开度有不同的 K_v 值，K_v 值越大，说明阀门的流通能力越大。K_v 值与阻力系数 S 有如下关系：

$$K_v = \frac{1}{\sqrt{S}} \tag{1-7}$$

可见，随着开度的变化，K_v 和 S 的变化方向相反，即开度减小，S 增大，K_v 减小；反之，当开度增大时，S 减小，K_v 增大。因此，改变阀门的开度，实质上就是改变了阀门的阻力，从而改变 K_v 值，达到调节流量的目的。

通常将不同口径阀门的流量系数 K_v 与相对流量 $\overline{G}$ 和相对开度 $\overline{L}$ 的关系在实验台上进行测定，并绘制成曲线，该曲线称为阀门的阻力特性曲线。利用阻力特性曲线可以进行阀门的选型和阀门开度的确定。

第二节　散热器温控阀

散热器温控阀能自动调节进入散热器的流量，达到室内恒温的目的。

一、散热器温控阀的构造及工作原理

散热器温控阀又称恒温阀、恒温器，它是由恒温控制器和阀体两部分组成。恒温控制器包括感温元件、囊箱、弹簧等，感温元件是恒温控制器的核心部分，也称作温度传感

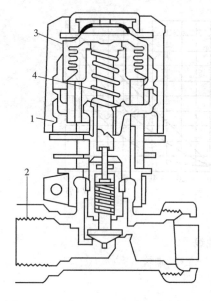

图 1-4 散热器恒温阀
1—感温元件；2—阀体；
3—囊箱；4—弹簧

器。根据温度传感器的位置区分，恒温控制器有内置式与外置式两种，图 1-4 所示为内置式传感器温控阀结构简图。在温控阀感温元件内充有感温介质，能够感应环境温度，随感应温度的变化产生体积变化，带动阀芯产生位移，进而调节通过散热器的水流量来改变散热器的散热量，从而达到自动调节室内温度的目的。

室内温度可以人为设定，在温控阀恒温控制器的外壳上标有温度标尺，即 1，2……一组数字，每一个数字对应一个温度。旋转恒温控制器的手柄，箭头对应的刻度就是所设定的温度，如图 1-5 所示为散热器温控阀外观图。恒温控制器具有防冻装置及限制和锁定温度设定点的功能，在其上具有锁定卡环，当锁定卡环被插入感温元件头的不同位置时，囊箱下面的弹簧的伸缩长度被限制，即等于改变了室温的给定值，此时弹簧上的作用力与囊箱压力达到了一种新的平衡，进而使室内温度达到不同的数值。室内温度的可调范围一般为 6~28℃。温控阀的阀体具有较佳的流量调节性能，其阀杆采用密封活塞形式，在恒温控制器的作用下做直线运动，带动阀芯运动以改变阀门开度。

散热器温控阀是一种节能产品，其工作原理是利用恒温控制器中感温元件来控制阀门开度的大小。当室内温度超过设定值时，感温元件中的感温介质受热膨胀，使囊箱内的压力增大，压缩阀杆使阀门关小，减少进入散热器的流量，进而达到降低室内温度的目的。当室内温度低于设定值时，感温元件因冷却而收缩，使囊箱内的压力降低，阀杆带动阀芯产生位移，使阀门开大，增加进入散热器的流量，达到提高室温的目的。

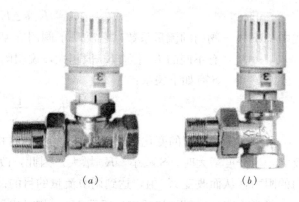

图 1-5 散热器温控阀外观图
(a) 直通式散热器温控阀；(b) 角式散热器温控阀

由温控阀工作原理可以得知，温度传感器是构成温控阀的核心部分，它对实现温控阀对室温的控制起着重要的作用。一个良好的传感器应能正确感应房间的实际温度变化，以控制阀体做出正确的动作。

由于安装条件等因素的影响，房间实际温度与设定温度值往往有偏差。房间实际温度的变化会使传感器体积比例的变化，从而使阀门阻力和流量也相应地发生比例变化，导致散热器散热量比例的变化，最终控制室温变化。因此，散热器温控阀也可看成是一个比例控制器，即根据房间温度与温控阀温度设定值的偏差，按比例调节阀门开度。阀门的开度保持在相当于需求负荷的位置处，使其供水量与室温保持稳定，最终可根据室温变化时的流量做连续的线性调节。

散热器温控阀的比例调节范围通常用比例带来表示。所谓比例带是指相对于某一温度设定值，散热器温控阀从全开到全关位置的室温变化范围。通常比例带为 0.5～2℃，温控阀的比例调节范围一旦超出比例带范围，温控阀将自动关闭。

二、散热器温控阀的安装位置

散热器温控阀一般安装在供暖房间散热器的进水管上或分户采暖系统的总入口进水管上。

由于温控阀的工作受诸多因素影响，其传感器只有感受到房间的温度才能对其进行控制，所以温控阀的安装位置很重要。

对于内置式传感器的温控阀应尽量采用水平安装，并且要安装在室内空气能够自由流通的地方，以防管道、阀体的热辐射使传感器误以为房间温度要比实际设定的室温高，而导致恒温控制器的错误动作。但当温控阀的传感器被长窗帘或暖器罩覆盖而无法感受室内温度时，就必须采用外置式传感器的温控阀，将传感器放置在它可能探测到正确房间温度的地方。

如图 1-6 所示为散热器温控阀的安装位置，(a) 图所示为内置式传感器温控阀的安装位置，(b) 图所示为外置式传感器温控阀的安装位置。

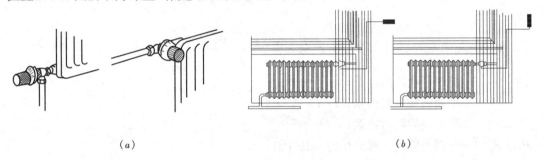

(a)   (b)

图 1-6　温控阀的安装位置

(a) 内置式传感器温控阀安装；(b) 外置式传感器温控阀安装

三、散热器温控阀的调节作用

散热器温控阀在以热水供热系统为主的北欧及西欧发达国家中，已应用得相当广泛。尤其是在世界能源危机后，已列入各国建筑节能法规中。而我国尽管起步较晚，但由于温控阀在供热系统中的独特作用，目前在分户计量的实施过程中已被广泛应用。

散热器温控阀安装在供热系统中，主要有以下作用：

1. 恒温控制，提高室内热环境的舒适度

温控阀安装在每组散热器的进水管上，用户可根据对室温高低的要求，调节并设定室温。当室内获得"自由热"，如阳光照射、炊事、照明、电器及居民等散发的热量而使室温有升高趋势时，温控阀会及时减少流经散热器的水量，保持室温恒定，以提高室内热环境的舒适度。

2. 节能

通常采暖设备的选型是按照冬季室外计算温度下满足室内温度需要的原则来确定的。

而室外温度逐时逐刻都在变化，当室外实际温度高于室外计算温度时，耗热量将会降低。如不采取措施，将会造成能量的浪费。因此，利用温控阀预先设定室温，根据室外气候的变化自动调节流量，以达到节能的目的。另外，根据温控阀的原理，可以充分利用自由热，同样可减小能耗，达到节能的目的。

3. 避免房间冷热失调现象

由于供热房间每组散热器安装了温控阀，可以确保各房间的温度，避免了立管水量不平衡以及单管系统上层与下层室温不均的问题。在双管系统中设置散热器温控阀，可以消除由于自然压差造成的上热下冷的垂直失调现象。在单管系统中应用温控阀，必须安设跨越管。

第三节　平　衡　阀

一、平衡阀的构造及工作原理

（一）平衡阀的工作原理

平衡阀亦称静态平衡阀、手动平衡阀，它属于调节阀范畴。其工作原理是通过改变阀芯与阀座的间隙（即开度）来改变流经阀门的流动阻力，以达到调节流量的目的。平衡阀相当于一个局部阻力可以改变的节流元件，对于不可压缩流体，根据流体力学流量方程式可得：

$$G = \frac{F}{\sqrt{\xi}} \cdot \sqrt{\frac{2(P_1 - P_2)}{\rho}} \tag{1-8}$$

式中　G——流经平衡阀的流量，m^3/h；

F——平衡阀接管截面积，m^2；

ξ——平衡阀的阻力系数；

P_1、P_2——分别为阀前、阀后压力，$10^5\,Pa$；

ρ——流体的密度，kg/m^3。

由上式可以看出，当 F 一定，阀前、后压差不变的情况下，流量 G 仅与平衡阀阻力系数 ξ 有关。当 ξ 增大，即关小平衡阀时，G 减小；反之，当 ξ 减小，即平衡阀开大时，G 增大。平衡阀就是以改变阀芯的行程来改变阀门的阻力系数，以达到调节流量的目的。

若令 $K_V = \frac{F}{\sqrt{\xi}} \cdot \sqrt{\frac{2}{\rho}}$，即可得到平衡阀阻力特性方程

$$G = K_V \sqrt{\Delta P}$$

式中 K_V 为平衡阀的流量系数，它在数值上的含义就是平衡阀前后压差为 $10^5\,Pa$ 时，通过平衡阀的流量值。K_V 可用来比较不同型号、不同开度平衡阀的流通能力。

对某一给定的平衡阀，K_V 仅与 ξ 有关，而 ξ 又与平衡阀的开度有关，若开度不变，则平衡阀的流量系数 K_V 不变，即流量系数 K_V 由开度而定。因此平衡阀每一个开度值都对应于一个 K_V 值。通过在试验台实测可以获得不同开度下不同型号平衡阀的流量系数。若以横坐标表示平衡阀的相对开度 $\overline{L}$，纵坐标表示平衡阀的流量系数 K_V，将试验台上测得的不同开度、不同型号平衡阀的流量系数 K_V 值绘制在坐标图上即得平衡阀的流量系数

曲线图。图 1-7 所示为某系列平衡阀的流量系数曲线图。从图中可以看出，随开度的增加，平衡阀 K_V 亦增大，说明平衡阀随开度的增大，其流通能力增大，即流量增大。若已知平衡阀的 K_V，从流量系数曲线图中可以查出所需要平衡阀的型号及开度。

（二）平衡阀的构造及性能特点

平衡阀不同于常规的调节阀，其理想流量特性为等百分比特性，而实际工作流量特性接近于直线特性。其线性调节特性决定了平衡阀具备流量精确调节的基础，是目前管网水力平衡的主要调节设备之一。它主要由阀体、阀塞、手轮、数字显示器、锁定装置及测试小阀等组成。图 1-8 为河北平衡阀门制造有限公司生产的 SPF 系列数字锁定平衡阀，其阀杆采用斜杆、内升降结构；阀体材料采用 $DN15 \sim DN25$（锻压铜合金），$DN32 \sim DN300$（为灰铸铁），$DN350 \sim DN600$（为碳素铸钢）；阀塞采用不锈钢；内升降螺母采用铜合金制造；阀塞与阀体之间的密封材料采用聚四氟乙烯以保证密封性能。其上的数字显示器可以直接显示阀门开启圈数，即开度百分比，锁定装置的作用是当阀门调至所需开度后，可将其锁定，非操作或运行管理人员无法改变设定状态。阀门下面的两个测压阀的作用是在管网平衡阀调试时，用软管连接智能仪表，利用智能仪表可测出流经平衡阀的流量和平衡阀前后压差。

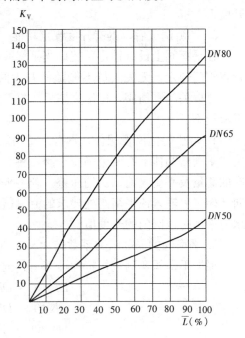

图 1-7 平衡阀的流量系数曲线

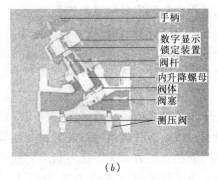

(a)　　　　　　　　　(b)

图 1-8 平衡阀结构示意图
(a) 平衡阀外观；(b) 平衡阀结构图

平衡阀与普通调节阀的不同之处在于其阀体上有开度指示、开度锁定装置及两个测压小阀，其主要特性如下：

1. 具有较好的调节流量功能

阀门的特性曲线决定了阀门的调节流量性能，平衡阀理想流量特性曲线为等百分比流量特性，而在实际工作中，由于平衡阀前、后压力不同，使实际工作特性曲线接近于直线

11

特性曲线。这一特性对方便准确地调整系统平衡具有重要意义。

2. 清晰、准确的阀门开度数字指示

在平衡阀手柄数字显示窗上，可以显示平衡阀开启的圈数，从而可得到平衡阀的相对开度 $\overline{L}$。

3. 平衡调试后，具有开度锁定功能

在平衡阀上设有锁定装置，当平衡阀处管道或用户流量调至设计流量后，利用锁定装置将阀门锁定，无关人员不能随便开大阀门开度，以免出现水力失调。当管路需要检修时，可以关闭平衡阀，检修完毕后，打开阀门，使其回复到锁定位置，可保证平衡阀的规定流量不变。

4. 与智能化仪表配合，具有测量功能

平衡阀阀体上有两个测压小阀，将其用软管与智能仪表相连，可方便地测出流过平衡阀的流量及平衡阀前、后的压差。若将平衡阀的特性关系编程后固化在智能仪表内，只要向智能仪表输入该平衡阀处要求的流量值后，仪表经计算分析，可直接显示管路系统达到水力平衡时该阀门的开度值。

5. 平衡阀的局部阻力系数较大

根据平衡阀实测流量特性计算出其全开时局部阻力系数 ξ 为：

$$DN15 \sim DN32\ 时,\xi = 16;$$
$$DN40 \sim DN150\ 时,\xi = 10 \sim 15;$$
$$DN200 \sim DN600\ 时,\xi = 8 \sim 12;$$

6. 内升降阀杆无须预留操空间，内部元件为不锈钢、铜合金制造，抗锈蚀性强。

7. 具有关断和截止功能。

8. 具有耐温、耐压性能。平衡阀的耐压能力为 1.6MPa，热水允许的温度范围为 3～150℃。

二、平衡阀的安装位置与选型

（一）平衡阀的安装位置

平衡阀的作用就是有效的调节流量，因此，在热水供热系统中，凡需要保证设计流量的环路均需要安装平衡阀，每一个环路上安装一个平衡阀。具体安装位置如下：

1. 可安装在热源处

在采暖锅炉房中，一般采用并联机组，由于各机组之间具有不同的阻力，引起各机组的流量不一致，有些机组流量超过设计流量，而有些机组流量低于设计流量，因此，不能发挥机组的最大出力。为保证各机组之间的流量分配达到设计流量，可在每台锅炉处安装平衡阀，使每台机组都能获得设计流量，达到其设计出力，确保每台机组安全、正常运行。

2. 可安装在热力站一、二次循环水环路上

在区域供热系统中，由热电厂或区域锅炉房向若干热力站供热水时，为保证各热力站获得所需要的水量，宜在各热力站的一次水环路侧安装平衡阀。为保证二次环路水流量为设计流量，热力站的二次水环路侧也宜安装平衡阀。

3. 可安装在小区供热系统中

在小区供热系统中，通常由一个锅炉房或热力站向若干幢建筑供热，由于每幢建筑距

热源远近不同，流量分配不符合设计要求，出现近端过热，远端过冷的水力失调现象。为保证小区中各干管及各建筑水流量达到设计流量，在供水总管、分支干管及各用户入口处均应安装平衡阀以解决小区供热水力失调问题。如图1-9所示为小区供热系统平衡阀的安装简图。

4. 可安装在室内供热系统中各环路及各立管上，用以解决各并联环路之间流量分配不合理的现象。平衡阀可安装在供水管上，也可安装在回水管上。对于一次环路来说，为了方便平衡调试，一般安装在水温较低的回水管上。但对地形高差比较大的管网，在地形低洼处的建筑入口处平衡阀宜安装于供水管上，以保证用户不超压；在地形较高处的建筑入口处平衡阀宜安装于回水管上，以保证用户不倒空。总管上的平衡阀宜安设于供水总管水泵后。

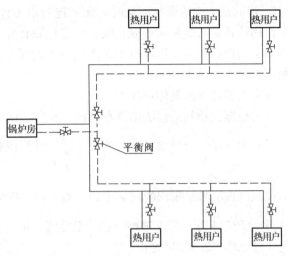

图1-9 小区供热系统平衡阀设置简图

为使流经平衡阀前后的水流稳定，避免平衡阀入口处出现较大的波动，保证测量精度，平衡阀应尽可能安装在直管段处，且平衡阀前应有5倍管径长的直管段，平衡阀后应有2倍管径长的直管段。若平衡阀装设在水泵的出口管路上，那么水泵与平衡阀之间应有10倍管径长的直管段。

（二）平衡阀的选型

供热管路上设置平衡阀的目的，就是人为地增加一个阻力，以消除环路上的剩余压头，从而使管路或用户的流量符合要求。

1. 对于新建工程和管网改造工程资料齐全的系统，需要在管网水力计算的基础上，计算出各支路平衡阀的流量值及所需要消除的剩余压头值，然后根据平衡阀选用图进行选择计算，确定平衡阀的型号（口径），使所选阀门的相对开度在 $60\%\sim90\%$ 之间。

下面以图1-10管路系统为例说明平衡阀设计选型及确定开度的方法。

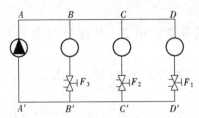

图1-10 管路系统简图

（1）由水力计算确定最不利环路 $A-B-C-D-D'-C'-B'-A'-A$ 各计算管段的管径，并计算出压力损失。

（2）确定末端支路 $D-D'$ 上平衡阀口径，并计算出平衡阀前、后压差 ΔP_1。

末端平衡阀口径一般按管径确定，开度在 90% 左右选定。然后由口径和开度查出 K_{V1}，再由末端支路流量 G_1 和 K_{V1} 求出阀门的前、后压差 ΔP_1；亦可直接由口径、开度、流量查平衡阀线算图得 ΔP_1。

（3）根据最不利环路的计算结果，可确定 $C-C'$ 间的资用压力 $\Delta P_{c-c'}$。

（4）由水力计算得出 $C-C'$ 间的实际压力损失 $(RL+Z)_{c-c'}$。

（5）$\Delta P_{c-c'} - (RL+Z)_{c-c'}$ 即为支路 $C-C'$ 上平衡阀应该消耗的压差 ΔP_2。

（6）由 G_2、ΔP_2 计算 K_{V2}（或直接查线算图），并按开度在 $60\%\sim90\%$ 的原则确定平衡阀的口径和开度。

（7）其他支路的选型同 $C-C'$ 支路。

2. 当旧系统改造资料不全时，无法进行水力计算，可按管径大小选用平衡阀，直接以平衡阀代替原有的闸阀或截止阀。为避免原有管径过于富裕使流经平衡阀时产生的压降过小而引起调试时由于压降过小而造成较大的误差，需进行压力校核计算。一般情况下，平衡阀的最小压差为 $2\sim3$kPa。

压力校核计算的具体步骤如下：

（1）根据面积热指标法估算平衡阀所在管段的设计流量 G。

（2）由管径、流量值，按公式 $V = \dfrac{G}{\dfrac{\pi}{4}d^2}$ 计算该管段的流速 V。

（3）由该型号平衡阀的局部阻力系数 ξ 值，按公式 $\Delta P = \xi \cdot \dfrac{\rho V^2}{2}$ 求出平衡前、后压差 ΔP。若 $\Delta P \leqslant 2$kPa，可改选小口径的平衡阀，重新计算 V 和 ΔP，直到平衡阀在设计流量下的压降 $\Delta P \geqslant 2\sim3$kPa 为止。

那么在实际工程设计中，若已知流量和所应消耗的压差，又如何对平衡阀进行选型呢？通常情况下，我们可以根据平衡阀流量系数曲线图或各生产厂家产品样本上的线算图进行选择。利用流量系数曲线图进行平衡阀选型时，还应根据公式 $K_V = \dfrac{G}{\sqrt{\Delta P}}$ 计算出 K_V，然后再由图 1-7 查得平衡阀型号及开度。而利用线算图进行平衡阀选型，则可省略计算过程，因为在线算图中，已将各种型号平衡阀的流量 G、压差 ΔP、流量系数 K_V 及相对开度 $\overline{L}$ 列在其中，已知其中任意三个参数即可查出另一参数。如图 1-11 所示为河北平衡阀门制造有限公司生产的 SPF 系列数字锁定平衡阀的线算图，（a）图为 $DN15\sim DN80$ 平衡阀线算图，（b）图为 $DN100\sim DN400$ 平衡阀线算图。下面我们举例来说明该线算图的使用方法。

【例 1-1】 已知流量 $G=20$m³/h，压差 $\Delta P=30$kPa，选择平衡阀口径和开度。

【解】 （1）在 G 轴上与 ΔP 轴上分别找到其数值点，然后相连。

（2）两点的连线与 K_V 轴交于一点。

（3）由交点作水平线与 $DN50$、$DN65$、$DN80$ 的开度比相交，开度分别为 74%、46%、和 20%。做图过程见图 1-11 中①。

（4）根据平衡阀开度一般为 $60\%\sim90\%$ 的原则选取平衡阀口径为 $DN50$，开度为 74%。

【例 1-2】 已知流量 $G=25$m³/h，平衡阀口径为 $DN65$，开度为 90%，求压差 ΔP。

【解】 （1）由 $DN65$ 的 90% 开度处作水平线交 K_V 轴于一点，见图 1-11 中②。

（2）在 G 轴上找到 $G=25$m³/h 的点，连接该点与 K_V 轴上交点，并延长至 ΔP 轴。

（3）延长线与 ΔP 的交点即为所求，即 $\Delta P=8.3$kPa。

【例 1-3】 已知压差 $\Delta P=35$kPa，平衡阀口径为 $DN32$、开度为 80%，求流量 G。

【解】 （1）由 $DN32$ 的 80% 开度处作水平线交 K_V 轴于一点。

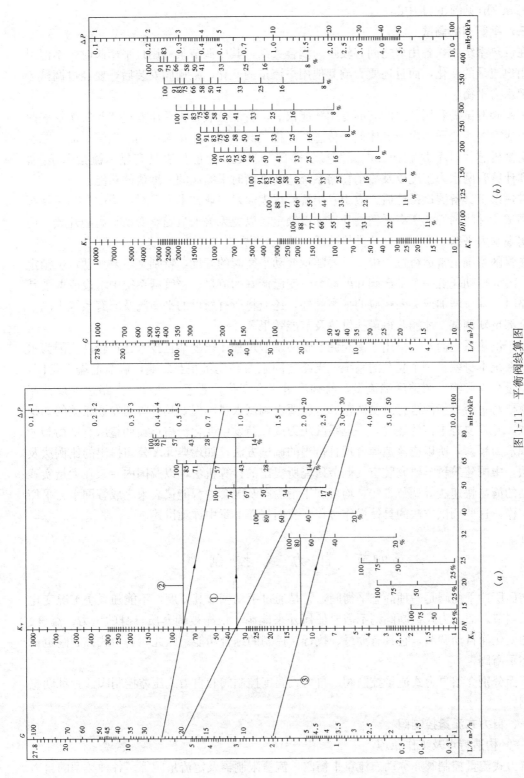

图 1-11 平衡阀线算图

(a) DN15~DN80 平衡阀线算图; (b) DN100~DN400 平衡阀线算图

（2）K_V 轴上的交点与 ΔP 轴上的 30kPa 点相连，反相延长至 G 轴，即得 $G=7.2\text{m}^3/\text{h}$，见图 1-11 中③。

三、平衡阀的调试

在供热系统中，各用户之间有较强的耦合关系，其中调节某一用户平衡阀时，不但引起该用户流量的变化，而且还要影响其他用户流量的变化。平衡阀安装后，要经过调试才能实现水力平衡。

平衡阀调试需利用与之配套的专用智能仪表。智能仪表是由差压变送器和二次仪表两部分组成。差压变送器由半导体差压传感器、排气阀、差压平衡阀和测压软管组成。二次仪表由微机芯片、A/D 转换、电源及显示等部分组成。智能仪表具有显示流量和压差、分析和计算管网水力工况以及显示管路系统达到平衡时平衡阀的开度值的功能。

供热系统具备测试条件后，应用专用智能仪表通过专业技术人员对系统中全部平衡阀进行调试，并将调好的所有平衡阀开度加以锁定，以免无关人员随意变动平衡阀开关，使管网实现水力平衡，达到良好的供热品质和节能效果。

在管网系统正常运行过程中，不要随意变动平衡阀的开度，特别是不要变动定位锁定装置，因为变动任意一个平衡阀开度都会改变已调好的流量。当管网系统中增设或取消其他环路时，除应增加或关闭相应的平衡阀外，还应将所有新设的平衡阀及原有系统中的平衡阀全部重新调试，才能获得最佳供热及节能效果。

对于供热系统而言，采用平衡阀调节管网调节过程比较复杂且技术含量较高，因为水的管路系统本身就是一个复杂的系统，支路之间阻力和流量相互影响，调节前端平衡阀，后端流量会受影响，调整后端流量，前端流量又会变化，要想实现每一支路达到设计流量，就要对每台平衡阀进行反复调整。这就要求调试人员不但要具备暖通专业相关的知识和技能，并且要有丰富的经验，一旦系统压力或负荷发生变化仍需重新调整所有平衡阀才能实现水力平衡，所以应该选择合理且恰当的调试方法。如瑞典 TA 公司提出的比例法及补偿法，中国建筑科学研究院空气调节研究所提出的计算机法，以及国内专家在大量实践中总结的简易快速法等调节方法，均可利用平衡阀及配套的智能仪表来完成管网水力平衡调试工作。这些调试方法的具体操作过程，我们将在下章中详细讲述。

第四节　自力式控制阀

前面所述平衡阀是一种静态平衡阀，它是通过手动调节其开度，不能随系统工况变化而自动调节。而自力式控制阀则不需要任何外来能源，依靠被调介质自身的压力、温度、流量的变化而自动调节，它具有测量、执行、控制的综合功能。因此，自力式控制阀也称为动态平衡阀。

下面分别介绍自力式流量控制阀、自力式温度控制阀和自力式压差控制阀这三种动态平衡阀。

一、自力式流量控制阀

（一）构造特点及工作原理

自力式流量控制阀亦称动态流量平衡阀、流量限制器及定流量阀等。各种类型的自力式流量控制阀，结构各有不同，但工作原理相似。目前生产自力式流量控制阀的厂家很多，大多数产品采用双阀结构原理。

如图 1-12 所示为自力式流量控制阀结构原理图及外形图，它由一个手动调节阀组和一个自动调节阀组组成。手动调节阀组由手动调节阀芯、手动调节阀杆、流量显示及锁定装置等组成，其作用是设定流量。自动调节阀组由自动调节阀芯、自动调节阀杆、弹簧、膜片等组成，其作用是消除管网的剩余压头，以维持控制系统流量恒定。

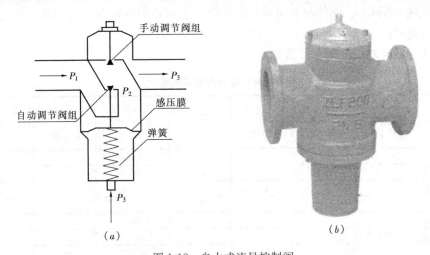

图 1-12　自力式流量控制阀

(a) 自力式流量控制阀结构原理简图；(b) 自力式流量控制阀外形图

图 1-12 (a) 中，P_1 为系统的工作压力，P_2、P_3 分别为手动调节阀前、后压力。对于手动调节阀阀组，其流量 $G=K_V\sqrt{\Delta P}=K_V\sqrt{P_2-P_3}$，式中 K_V 为手动调节阀的流量系数，K_V 的大小取决于手动调节阀开度，若开度固定，K_V 即为常数。那么，当手动调节阀开度固定时，只要保证手动调节阀前后压差 ΔP 不变，则流量 G 不变，而 ΔP 的恒定是由自动调节阀组控制的。自动调节阀组的感压部分是膜片，它同时受 P_2 向下的压力、弹簧和 P_3 向上的推力，当膜片上所受到的力平衡时，自动调节阀阀芯的开度保持不变。也就是说自动调节阀阀组是通过膜片感应压力的大小，带动自动调节阀阀杆上下移动，改变开度的大小，控制通过手动调节阀前、后的压差 P_2-P_3，从而达到保持 ΔP 恒定的目的。

当通过阀门流量增大时，压差 P_2-P_3 将超过设定值，膜片下移，自动调节阀阀杆带动阀芯将随之下移，使自动调节阀阀芯与阀座流通面积减小，即阀门关小，导致通过流量减少，直至压差 P_2-P_3 减小到原设定值，保持通过阀门的流量不变。反之，当通过阀门的流量减少时，压差 P_2-P_3 将低于设定值，膜片在弹簧力的作用下将上移，自动调节阀阀杆带动阀芯随之上移，阀门开度增大，流量增加，直至压差增大到原设定值，保持通过阀门的流量不变为止。

自力式流量控制阀可以通过改变手动调节阀开度来改变设定流量值，其自动调

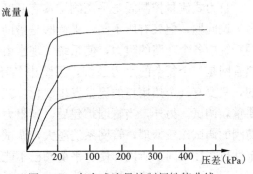

图 1-13　自力式流量控制阀性能曲线

节流量的有效范围取决于工作弹簧的性能。一般自力式流量控制阀工作压差在 20～300kPa 的范围内能按设定值有效地控制流量，其性能曲线见图 1-13。当工作压差小于 20kPa 时，控制流量达不到设定值；当工作压差超过 300kPa 时，将会产生噪声。该控制阀阀体上端有开启圈数和流量数字显示。每一个开度对应一个流量，开度和流量的关系由试验台试验标定。控制阀流量控制相对误差不大于 8%，工作温度为 4～150℃，工作压力为 1.0MPa 或 1.6MPa。阀体材料可采用灰铸铁、碳素铸钢或铜合金，内部元件可采用铜合金或不锈钢材料。

自力式流量控制阀的基本参数见表 1-1。

自力式流量控制阀的基本参数　　　　　　　　　表 1-1

公称直径（DN）	流量控制最小范围（m³/h）	阀体结构长度（mm）		公称直径（DN）	流量控制最小范围（m³/h）	阀体结构长度（mm）	
		螺纹连接	法兰连接			螺纹连接	法兰连接
20	0.1～1	110	—	100	10～35		350
25	0.2～2	125	160	125	15～50		400
32	0.5～4	140	180	150	20～80		480
40	1～6	—	200	200	40～160		495
50	2～10	—	230	250	75～300		622
65	3～15	—	290	300	100～450		698
80	5～25	—	310	350	200～650		787

（二）安装位置与选型

自力式流量控制阀与平衡阀的作用相同，均可以调节和控制流量，达到合理分配各环路水流量的目的。因此，它的安装与平衡阀的安装一样，也可安装在热力站的一次循环水侧、热用户入口处以及室内供热系统各立管或水平串联管上，用以自动调节和控制流量。自力式流量控制阀可安装在供水管上，也可安装在回水管上。在地势起伏的热网系统中，处在地势较低位置的热用户宜安装在给水管上，处在地势较高位置的热用户宜安装在回水管上。为便于操作调试，其在管道上既可水平安装，也可垂直安装，但要注意应使水流方向与阀体上箭头所示方向相同。在一般情况下，应尽量将其安装在回水管上。

选择自力式流量控制阀时，应先根据阀门所在管段供暖的建筑面积，面积热指标及供回水温度确定其设计流量，再根据表 1-1 所列的流量控制范围选择阀门的公称直径，使所选阀门的设计流量在选型流量范围内，以保证足够的调节余量。由于自力式流量控制阀可调范围较宽，阀门口径一般可按管道直径选取，必要时可缩径。

自力式流量控制阀与平衡阀均具有开度显示和锁定功能，两者虽然都可以解决管网水力失调问题，但又有所不同。平衡阀是借助其专用智能仪表，通过手动定量调试来匹配管网系统中各个环路的阻力，使系统实现水力平衡，一旦调试完成后一般将不再动作。而供热管网是一个复杂的水力系统，系统中各环路间水力工况的变化是相互影响和相互制约的，只要有一个热用户的流量发生变化，就会引起其他热用户流量的变化，管网系统就需要重新调试。另外，当管网扩建后，其阻力特性发生改变，这时也需要重新调试。而且平衡阀的调试比较繁琐，管网系统越大，调试也越困难。调试的效果也因人而异，其系统稳定性也往往不同，所以，使用平衡阀已不能适应由于各环路间水力工况变化引起的流量重新分配。而自力式流量控制阀能自动消除系统中多变的剩余压头，根据系统水力工况的变化自动调节，按设计流量经运行前一次调节，即可使系统流量自动恒定在要求的设定值，使流量分配工作变的简单便捷，能够有效地解决管网水力失调问题。但在变流量运行的管网中不可采用自力式流量控制阀，因为当供热系统总流量减少时，近端回路维护流量不变，而远端回路流量会严重不足。另外，在分户计量中，由于系统总循环水量的变化取决于用户需求，当用户主动调小流量时，自力式流量控制阀将会开大阀门，直到全开失效为止；当用户主动调大流量时，自力式流量控制阀将会关小阀门，直到全闭失效为止。

因此，自力式流量控制阀适用于定流量供热系统，尤其是多热源管网，热源切换运行时不会对用户流量产生影响。

二、自力式温度控制阀

（一）构造特点及工作原理

自力式温度控制阀主要由控制阀和温控器组成。控制阀由阀体、阀座及阀芯组成；温控器由控制系统、温度传感器、温度设定旋钮、毛细导管、过温保护装置、温度设定指示牌等组成，如图 1-14 所示。其上温度传感器 2 的作用是直接感受被控介质的温度，以带动阀杆上下移动，调节通过控制阀介质的流量，从而达到被控介质恒温的目的。利用温度设定旋扭 5 可以设定被控介质温度，设定值可在温度设定指示牌上显示。过温保护装置的作用是防止被控介质温度超过设定值一定范围后，感温液体持续膨胀产生的高压导致气体泄漏和温控器损坏。

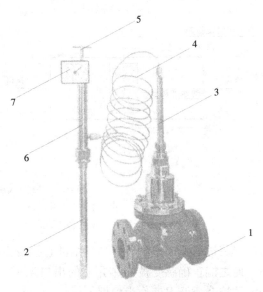

图 1-14　自力式温度控制阀
1—阀体；2—温度传感器；3—控制系统；
4—毛细导管；5—温度设定旋钮；6—过
温保护装置；7—温度设定指示牌

自力式温度控制阀无需任何外加能源，利用被控介质自身的温度变化而实现阀门的自控和调节。其基本工作原理是利用了液体的热胀冷缩特性和液体的不可压缩特性。在图 1-14 所示的温度传感器 2、控制系统 3 及毛细导管 4 中充满了某种热膨胀性能好的感温液体。当被控介质温度升高时，感温液体膨胀，带动阀杆及阀芯产生位移，关小阀门，使通过流量减小，从而降低输出温度；反之，当被控介质温度降低时，感温液体收缩，阀门开大，使通过流量增加，直至被控介质的温度升高至设定值为止。

自力式温度控制阀具有结构简单，维修、操作方便，安全性高，温度控制精度高，过温保护装置灵敏可靠，保护范围大，适应范围广，比例式控制的优点，特别适用于需集中控制管理而又希望节能的控制系统。

（二）安装位置与选型

在供热系统中，自力式温度控制阀主要用于汽—水换热、水—水换热的热交换设备的温度自动控制，其在系统中的安装见图 1-15。

自力式温度控制阀安装时，应使阀体箭头标注方向与被控介质流动方向一致，调节阀

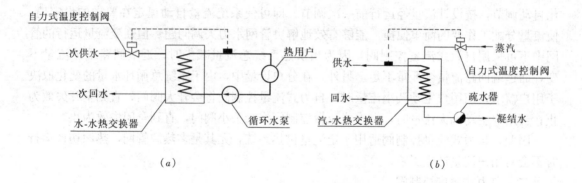

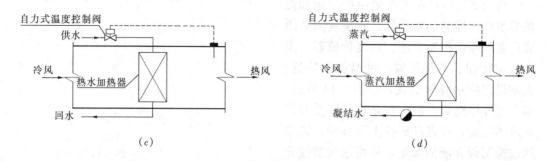

图 1-15　自力式温度控制阀安装

(a) 水—水热交换器的调节；(b) 汽—水热交换器的调节；

(c) 热水加热器的调节；(d) 蒸汽加热器的调节

前应安装过滤器。温度传感器须全部直接浸没在被加热介质出口处或被加热介质出口管路内，使之能正确感受被加热介质的出口温度。自力式温度控制阀的选型应以管道公称直径、被控介质及温度作为根据。

三、自力式压差控制阀

(一) 构造特点及工作原理

自力式压差控制阀亦称动态差压调节阀、动态差压平衡阀、差压控制器及定压差阀等。它主要由阀体、双节流阀座、阀瓣、感压膜、弹簧、导压管及压差调节装置等组成。

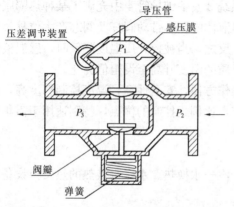

图 1-16　ZY47 型自力式压差控制阀结构简图

如图 1-16 所示为 ZY47 型自力式压差控制阀结构简图，其阀体材料采用灰铸铁、碳素钢或锻压铜合金，调节部分材料采用黄铜，弹簧采用不锈钢材料，导压管采用黄铜材料。感压膜将控制器分成上、下两个小室，感压膜上同时受被控环路压差所产生的向下的力和弹簧向上的弹力的作用，当被控环路压差改变时，感压膜带动阀瓣上下移动，直到感压膜所受的力平衡为止。

ZY47 型自力式压差阀按其所控环路压差是否可调分为定压差型和可调压差型两种。

定压差型按其所控制的压差，配用不同的压缩弹簧；可调压差型可根据需要直接调节自力式压差控制阀的压差调节装置，如图1-16所示。按其在系统中的安装位置分为供水式压差控制阀和回水式压差控制阀。供水式压差控制阀安装在供水管道上，回水式压差控制阀安装在回水管道上。

图1-16所示为回水式压差控制阀，其工作原理简图及安装位置见图1-17。图1-17中 P_1 为网路的供水压力，P_2 为被控环路后、压差阀前的压力，P_3 为网路的回水压力，ΔP 为被控环路的压差，$\Delta P'$ 为压差阀的工作压差。P_1 通过导压管与感压膜上室相通，作用在感压膜上，P_2 与感压膜的下室相通，直接作用在感应膜下，感压膜下端的弹簧力用来平衡被控系统的压差 $\Delta P = P_1 - P_2$。

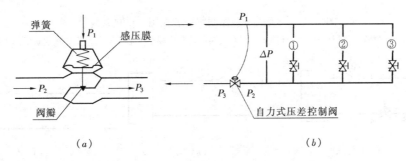

图 1-17　自力式压差控制阀工作原理及安装位置示意图
(a) 工作原理图；(b) 安装位置示意图

当网路供水压力 P_1 增大或减少时，信号由导压管传入感压膜上室，感压膜带动阀瓣下移或上移，使阀门的流通面积减小或增大，压差阀的工作压差 $\Delta P' = P_2 - P_3$ 随之增大或减小，直至 $\Delta P = P_1 - P_2$ 保持原值恒定；当网路回水压力 P_3 增大或减小的瞬间，由阀门流经出水口的流速降低或增高，感压膜下压力 P_2 也随之瞬间增大或减小，感压膜带动阀瓣上移或下移，直至感压膜的受力重新平衡，P_2 恢复原值，直到 $\Delta P = P_1 - P_2$ 保持原值恒定。

当被控环路阻力减小或增大时，P_2 增大或减小，感压膜带动阀瓣上移或下移，阀口的流通面积增大或减小，引起 P_2 减小或增大，$\Delta P' = P_2 - P_3$ 亦随之减小或增大，直到 $\Delta P = P_1 - P_2$ 保持原值恒定。

由上述工作原理可知，无论是网路压力出现波动，还是被控环路内部的阻力发生变化，自力式压差控制阀均可维持施加于被控环路的压差 ΔP 恒定。其压差控制精度可达 $\pm 10\%$，公称压力为1.6MPa，介质温度为0~150℃。

(二) 安装位置及选型

自力式压差控制阀的功能是控制网路中某个支路或某个用户的压差恒定，应用于集中供热、中央空调等水系统中，有利于被控系统各用户和各末端装置的自主调节，尤其适用于分户计量的供热系统。自力式压差控制阀可安装在高层或多层建筑中每层供热分支环路上，确保分支环路的压差恒定；也可安装在多层或高层建筑室内供热立管上及建筑供热入口处，确保其压差恒定；亦可安装在热力站一次水侧，确保热力站或热力站中某一电动调节阀的压差恒定，消除一次水侧水流量变化的影响。其在供热系统中的安装如图1-18、1-19。图1-18为自力式压差控制阀在用户供热系统上的安装，图中应用也可安装在供水管上，图 1-19 为自力式压差阀在热力站中的安装。

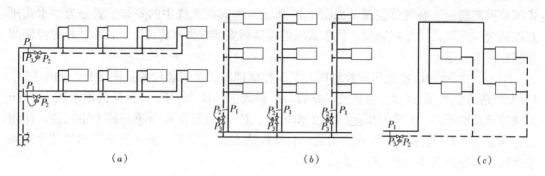

图 1-18　自力式压差控制阀安装在用户供热系统上
(a) 安装在建筑中每层供热分支环路上；(b) 安装在建筑中供热立管上；(c) 安装在建筑供热入口上

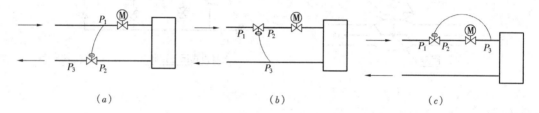

图 1-19　自力式压差控制阀安装在热力站中
(a) 安装在回水管上控制压差 $\Delta P = P_1 - P_2$；(b) 安装在供水管上控制压差 $\Delta P = P_2 - P_3$；
(c) 安装在供水管上控制电动调节阀压差 $\Delta P = P_2 - P_3$

　　自力式压差控制阀安装时无角度限制，但要注意应使阀门箭头方向与水流方向一致。

　　自力式压差控制阀的性能参数见表 1-2，表中最小启动压差是指压差阀工作压差 $\Delta P'$ 的最小值，最大工作压差是指压差阀工作压差 $\Delta P'$ 的最大值。压差阀在最小启动压差和最大工作压差之间可以正常工作，其选型主要根据被控环路的流量按表 1-2 中的推荐流量选定阀门口径，一般情况下尽量不选用变径阀门。

自力式压差控制阀性能参数表　　　　　　　　　　　　表 1-2

DN	结构长度 (mm)	流量范围 (m³/h)	推荐流量范围 (m³/h)	最小启动压差 (MPa)	最大工作压差 (MPa)
20	100	0.5~3	0.7~2	0.01	0.6
25	120	0.7~5	1~3	0.01	0.6
32	180	1~7	1.5~4	0.015	0.6
40	200	2~10	2.5~7	0.015	0.6
50	230	3~16	4~10	0.02	0.6
65	290	5~25	6~20	0.02	0.6
80	310	8~30	10~25	0.025	0.6
100	350	10~50	15~40	0.025	0.6
125	400	20~90	30~75	0.025	1.0
150	480	300~120	40~100	0.025	1.0
200	495	40~200	60~160	0.03	1.2
250	622	50~400	100~300	0.03	1.2
300	698	100~500	150~450	0.035	1.2
350	787	150~750	300~650	0.035	1.2

自力式压差控制阀既能起到隔绝用户间流量变化互相干扰的作用，又能消除外网波动对被控系统的影响，而自力式流量控制阀只能消除外网波动对被控系统的影响，不能支持被控系统内部自主改变流量。所以，自力式流量控制阀只适用于定流量系统，而自力式压差控制阀不管在变流量系统还是在定流量系统中均能起到动态平衡的作用。自力式压差控制阀的性能特点支持被控系统内部流量的自主调节，满足分户计量供热的变流量运行要求，消除各用户间调节的互相干扰，特别适用于分户计量供热以及自动控制等用户流量随机自主调节的场合。

第五节　电 动 调 节 阀

一、电动调节阀的构造和工作原理

　　图 1-20 是电动调节阀的典型外形，它由两个可拆分的执行机构和调节阀（调节机构）部分组成。上部是执行机构，接受调节器输出的 0～10mADC 或 4～20mADC 信号，并将其转换成相应的直线位移，推动下部的调节阀动作，直接调节流体的流量。各类电动调节阀的执行机构基本相同，但调节阀（调节机构）的结构因使用条件的不同而类型很多，最常用的是直通单阀座和直通双阀座两种。

　　电动调节阀电动执行机构的工作原理如图 1-21 所示。电动执行机构是以电动机为驱动源、以直流电流为控制及反馈信号，当控制器的输入端有一个信号输入时，此信号与位置信号进行比较，当两个信号的偏差值大于规定的死区时，控制器产生功率输出，驱动伺服电动机转动使减速器的输出轴朝减小这一偏差的方向转动，直到偏差小于死区为止。此时输出轴就稳定在与输入信号相对应的位置上。

图 1-20　电动调节
阀外形图

　　调节阀与工艺管道中被调介质直接接触，阀芯在阀体内运动，改变阀芯与阀座之间的流通面积，即改变阀门的阻力系数就可以对工艺参数进行调节。图 1-22、图 1-23 给出直通双阀座和直通单阀座的典型结构，它由上阀盖（或高温上阀盖）、阀体、下阀盖、阀芯与阀杆组成的阀芯部件、阀座、填料、压板等组成。直通单阀座的阀体内只有一个阀芯和一个阀座，其特点是结构简单、泄漏量小（甚至可以完全切断）和允许压差小。因此，它适用于要求泄漏量小，工作压差较小的干净介质的场合。在应用中应特别注意其允许压差，防止阀门关不死。直通双座调节阀的阀体内有两个阀芯和阀座。它与同口径的单座阀相比，流通能力约大 20%～25%。因为流

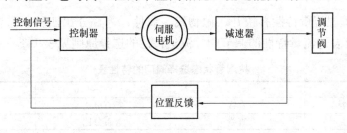

图 1-21　电动执行机构工作原理图

体对上、下两阀芯上的作用力可以相互抵消，但上、下两阀芯不易同时关闭，因此双座阀具有允许压差大、泄漏量较大的特点。故适用于阀两端压差较大，泄漏量要求不高的干净介质场合，不适用于高黏度和含纤维的场合。

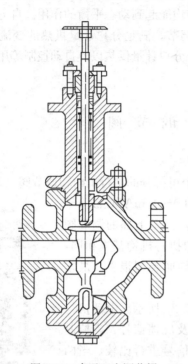 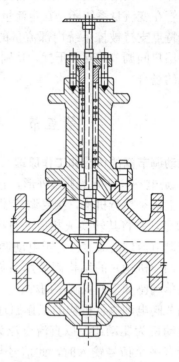

图 1-22　直通双座调节阀　　　　　图 1-23　直通单座调节阀

二、电动调节阀的选型和使用注意的问题

（一）电动调节阀的选型

电动调节阀的选用主要考虑以下几方面：

1. 电动调节阀选用主要控制参数为：公称直径、设计公称压力、介质允许温度范围、流量系数等。

2. 对于要求流量和开启高度成正比例关系的严格场合，应选用专用调节阀。电动球阀和蝶阀一般粗调时可以选用。

3. 阀门的密封性能是考核阀门质量优劣的主要指标之一。阀门的密封性能主要包括两个方面，即内漏和外漏。内漏是指阀座与关闭件之间对介质达到的密封程度。外漏是指阀杆填料部位的泄露，中口垫片部位的泄露以及阀体因铸造缺陷造成的泄露。外漏是不允许发生的。

4. 调节阀理想流量特性有快开、抛物线、线性、等百分比四种，需根据实际工作流量特性选择具有合适流量特性的调节阀。流量特性的选择原则见表 1-3。

按配管状态选择阀门的特性表

表 1-3

配管状态	$S=0.6\sim1.0$	$S=0.3\sim0.6$	$S<0.3$
实际工作特性	直线	等百分比	直线
所选流量特性	直线	等百分比	等百分比

注：$S=$ 调节阀全开时的压力损失/调节阀所在串联支路的总压力损失。

24

5. 调节阀公称直径的选取应根据所需阀门流通能力确定。调节阀公称直径不应过大或过小。过大，增加工程成本，并且阀门处于低百分比范围内，调节精度降低，使控制性能变差。过小，增加系统阻力，甚至会出现阀门 100％ 开启时，系统仍无法达到设定的容量要求。

6. 调节阀的调节压差和关断压差。对于调节阀，其允许的调节压差和关断压差是其选型的重要指标。实际压差如高于调节阀允许的调节压差，阀门会出现不能准确调节的问题，严重的会损伤阀门执行器。

（二）电动调节阀安装注意的问题

1. 电动调节阀属于现场仪表，要求环境温度应在 $-25 \sim 60℃$ 范围，相对湿度 $\leqslant 95％$。如果是安装在露天或高温场合，应采取防水、降温措施。在有振源的地方要远离振源或增加防振措施。

2. 电动调节阀一般应垂直安装，特殊情况下可以倾斜，如倾斜角度很大或者阀本身自重太大时对阀应增加支承件保护。

3. 安装电动调节阀的管道一般不要离地面或地板太高，在管道高度大于 2 m 时应尽量设置平台，以利于操作手轮和便于进行维修。

4. 电动调节阀安装前应对管路进行清洗，排除污物和焊渣。安装后，为保证不使杂质残留在阀体内，还应再次对阀门进行清洗，即通入介质时应使所有阀门开启，以免杂质卡住。在使用手轮机构后，应恢复到原来的空挡位置。

5. 为了使电动调节阀在发生故障或维修的情况下使生产过程能继续进行，调节阀应加旁通管路。

6. 执行机构的减速器拆修后应注意加油润滑，低速电机一般不要拆洗加油。装配后还应检查阀位与阀位开度指示是否相符。

第六节　气候补偿器

一、气候补偿器简介与工作原理

气候补偿器是一种自动控制仪表，在其内设有供热曲线，它可以根据室外气温变化，用户设定的不同时间的室内温度要求，按照设定曲线求出恰当的供水温度，自动控制供水温度，实现供热系统供水温度的气候补偿，也可通过室内温度传感器根据室温调节供水温度实现室温补偿。

在供热系统中，像散热器、锅炉等供暖设备均按设计工况进行选型，由于太阳能的增益和风寒影响的减弱，系统的总供热热负荷将下降，再加上气候变化的不规律，使得通常情况下室外温度高于设计温度。这时简单地通过划分几个采暖期或将一天划分为几个时间段来控制供热热负荷，必然不能满足按需供热的要求，如果不能及时根据室内外情况调节供水温度，势必会造成浪费。气候补偿器正是针对这一点，根据实际室外温度和室内供水温度，随时调节供水温度，简单准确的实现动态质调节，以获得最佳供暖舒适度和最小的能源消耗。

下面以图 1-24 为例来说明其工作原理，在图中室外温度传感器安装在建筑物室外，其作用是对室外温度进行实时监控，并将测得的温度反馈到气候补偿器 N 中。供水温度

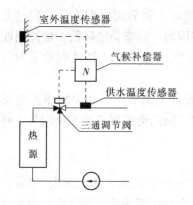

图 1-24　安装气候补偿器的供热系统

传感器安装在系统供水管上，监控供水温度并将测得的温度反馈到气候补偿器 N 中。气候补偿器的工作原理为：由室外温度传感器测得的室外温度与气候补偿器 N 中的供热曲线进行比较后，确定供水温度的设定值，然后与供水温度传感器测得的实际供水温度再进行比较，并根据两者的偏差控制三通调节阀的动作，改变供回水混合比例，使供水温度符合供热曲线。

二、气候补偿器的功能与应用范围

气候补偿器的功能主要体现在以下几个方面：

1．根据气候变化自动控制供水温度；

2．自动限制最高和最低供水温度；

3．低温运行后，在规定的时间内自动升高供水温度，达到迅速供热的目的；

4．自动限制最低回水温度；

5．防止系统冻结；

6．室外温度过高时，自动切断供热功能。

气候补偿器一般用于集中供热系统的热力站或采暖锅炉直接供暖的供热系统中，其应用见图 1-25、图 1-26。

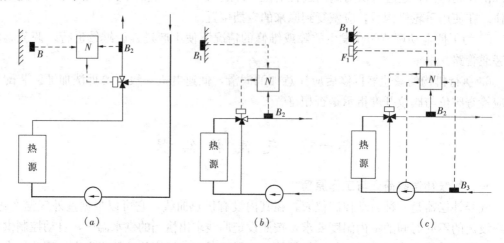

图 1-25　气候补偿器在直接供热系统中的应用

(a) 供水温度的室温补偿自动控制；(b) 供水温度的气候补偿自动控制
(一)；(c) 供水温度的气候补偿自动控制（二）

B—室内温度传感器；B_1—室外温度传感器；B_2—供水温度传感器；

B_3—回水温度传感器；F_1—防冻元件；N—气候补偿器

图 1-25 (a) 中，通过室内温度传感器 B 测出室内温度，在气候补偿器 N 内与供热曲线进行比较，从而确定供水温度的设定值，然后再与供水温度传感器 B_2 测得的实际供水温度比较，根据两者的偏差控制三通调节阀的动作，直至供水温度接近设定值，实现室温补偿。在图 1-25 (b) 中，由室外温度传感器 B_1 测得的实际室外温度与气候补偿器 N 中的供热曲线进行比较后，确定供水温度的设定值，然后，与 B_2 测得的实际供水温度再进行比较，并根据两者的偏差控制三通调节阀动作，使供水温度接近设定值，实现供热系统

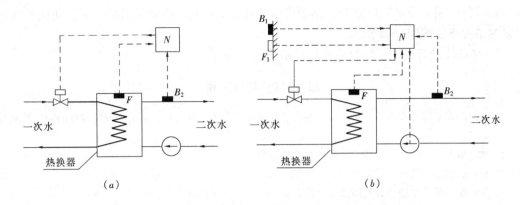

图 1-26　气候补偿器在间接供热系统中的应用
(*a*) 供水温度定值控制；(*b*) 供水温度的气候补偿自动控制
N—气候补偿器；F—温度限制器；B_1—室外温度传感器；
B_2—供水温度传感器；F_1—防冻元件

供水温度的气候补偿。图 1-25 (*c*) 与 (*b*) 的不同之处是设有回水温度传感器和防冻元件，回水温度传感器通过测得实际回水温度，限制回水温度不低于设定的最低值。防冻元件的动作是在夜间温度下降至低于 3℃，而程序选择开关处于"黑夜关"位置时，自动启动循环水泵，并使供水温度保持相当于维持室内温度接近 +2℃ 所需的温度。图 1-25 中气候补偿器内的限制器具有限制供水温度最大值及最小值的作用。

图 1-26 是气候补偿器在热力站中的应用，图 (*a*) 中的功能主要是保持供热环路的供水温度为定值，即供水温度传感器 B_2 测得的实际供水温度与气候补偿器中的供热曲线进行比较，若有偏差，则指挥二通调节阀工作，直至达到设定值为止。为了防止热交换器过热，当达到规定的设定上限时，温度限制器 F 通过气候补偿器 N 切断热交换器的供热。
(*b*) 图中气候补偿器内设定供热曲线，与来自室外温度传感器 B_1 的讯号进行比较，确定供水温度的设定值，同时，由传感器 B_2 测出实际供水温度，两者比较后得出偏差，作为指挥热交换器供水管上二通调节阀的讯号，改变热交换器的供热量。当换热器内的温度超过设定的最高值时，温度限制器 F 通过气候补偿器 N 关闭二通调节阀。防冻元件 F_1 的动作如图 1-25 (*c*)。

三、气候补偿器的应用意义

气候补偿器的应用，对于我国供热计量的推广普及有着深远的意义。

1. 气候补偿器有利于供热系统实现节能降耗。目前的供热系统中，大多数采用 24 小时连续供热，例如公共场所、办公建筑无人时间照常供热，因此造成了很大的浪费。在这些公共场所，可以利用气候补偿器时间编程的功能设定不同时间段的不同需求温度，这样在建筑物内无人的情况下只需设定值班温度，可大幅度地实现节能。另外，我国的集中供热缺乏量化管理，司炉工凭感觉、经验烧锅炉，势必造成锅炉供热量与需热量的不一致，采用气候补偿器，能够随着室外温度的提高降低供水温度，以获得最佳取暖舒适度和最小的能源消耗。

2. 气候补偿器使锅炉在连续供热的条件下实现间歇调节成为可能。采用气候补偿器，当室外温度达到设定的锅炉停止供热温度时，锅炉机组将自动转入停机状态，而当室外温度达到或低于锅炉设计温度点时，锅炉机组则满负荷运行，保证采暖的需要，使锅炉在连续供热条件下实现间歇调节。

3. 气候补偿器促进了供热系统运行调节的发展。

思 考 题 与 习 题

1. 阀门的调节特性有哪些？画出阀门的理想流量特性曲线，并指出具有哪种流量特性的阀门其调节性能最优？

2. 散热器温控阀的作用是什么？简述其工作原理。

3. 平衡阀的作用是什么？其有哪些特性？

4. 平衡阀在供热系统中如何应用？

5. 平衡阀如何调试？

6. 简述自力式流量控制阀的工作原理，它与平衡阀有何区别？

7. 自力式温度控制阀是如何工作的？其在供热系统中如何应用？

8. 简述自力式压差控制阀的工作原理，并说明其与自力式流量控制阀的区别。

第二章 供热系统的初调节

为保证供热系统的供热质量、安全可靠又经济地向各用户供应热能，除要求设计合理、施工安装质量完好外，还必须对供热系统进行供热调节。供热系统的调节分初调节和运行调节，本章主要介绍初调节的概念及各种方法。

第一节 初调节的概念及必要性

一、初调节的概念

对于任何一个供热系统施工安装完毕、投入运行时，不可避免地会存在用户实际流量与设计流量不一致的水力失调现象。因此，必须通过系统中安装的各种调节与控制装置，对系统各环路及支管的流量进行一次调节。这种在供热系统运行之前或运行期间进行的调节称为初调节。

二、初调节的必要性

初调节也称流量调节或均匀调节，其目的是将各热用户的运行流量调节至理想流量，即满足用户实际热负荷需求的流量，当供热系统为设计工况时，理想流量即为设计流量。

供热系统的初调节实质上就是解决流量分配不均的问题，即消除各用户冷热不均的水力失调现象。如果不进行系统的初调节，供热管网所连接的各用户实际流量很难与设计流量相符，将会出现热源近端的热用户流量大于其设计流量，而热源远端的热用户流量小于其设计流量的水力失调现象，而水力失调必然会引起热力失调，使热用户内温度偏高或偏低。因此，对新安装的供热系统不能忽略初调节，对经过大修或改装的系统交付使用前也要重新进行初调节。

第二节 初调节的方法

初调节是利用各热用户入口及系统中安装的流量调节装置进行的。目前进行初调节的方法包括阻力系数法、预定计划法、比例法、补偿法、计算机法、模拟分析法、自力式调节法及简易快速法等，这些方法在供热系统中均得到了不同程度的实际应用。下面对上述各种初调节方法分别作一简单介绍。

一、阻力系数法

阻力系数法就是将各热用户的启动流量和热用户局部系统的压力损失调整到一定比例，使其阻力系数达到正常工作时的理想值的一种初调节方法。

在该调节方法中，热用户局部系统的阻力系数可按下式进行计算：

$$S = \frac{\Delta H}{G^2} \tag{2-1}$$

式中　S——热用户局部系统的阻力系数，$mH_2O/(m^3 \cdot h^{-1})^2$；

　　ΔH——热用户局部系统的压力损失，mH_2O；

　　G——热用户的理想流量，m^3/h。

由上式可以看出，只要测得热用户的流量和压力损失，即可计算出用户系统的阻力系数。

该调节方法基本原理简单易懂，但阻力系数值不能直接测量，需根据（2-1）式计算求得，所以要想把某个热用户的局部阻力系数 S 调到理想值，就必须反复调节有关阀门，并反复测量其流量和压力损失，同时根据式（2-1）反复计算，直到系统阻力系数 S 达到理想值。由于该方法调节工作量及计算工作量均较大，因此除只有几个热用户的供热系统外，在实际中一般不采用。

二、预定计划法

预定计划法是预先计算出热用户的启动流量，在调节前关闭所有用户入口处阀门，然后按照一定顺序（从离热源最远端或最近端开始），依次开启热用户入口阀门，开启热用户入口阀门的同时，采用测流量的仪器在现场一面检测流量，一面调节热用户入口阀门，使通过热用户的流量等于预先计算出的启动流量的一种初调节方法。

采用该调节方法的关键是各热用户启动流量的计算，各热用户在一定顺序下按启动流量全部开启后，供热系统就能在理想流量下运行，从而完成初调节任务。

下面就一具体实例来说明预定计划法的调节原理。

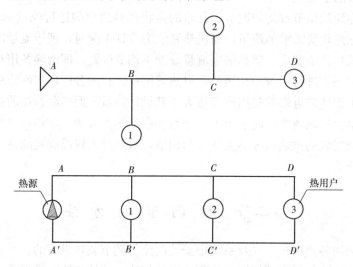

图 2-1　供热系统预定计划法调节简图

【例 2-1】　如图 2-1 所示，供热系统有 3 个热用户，热源循环水泵的扬程为 $40mH_2O$，用户 1、2、3 的设计流量均为 $100m^3/h$，压力损失分别为 $30mH_2O$、$20mH_2O$、$10mH_2O$，AB、BC、CD 管段压力损失都为 $10mH_2O$，试计算各热用户的启动流量。

【解】　首先计算各管段及各热用户的阻力系数，然后按照从离热源最远的 3 用户开始，依次开启用户 3、2、1 进行调节，并计算其启动流量。

（一）各管段及各用户阻力系数的计算

1. 计算各管段的设计流量

管段 CD：$G_{CD}=G_3=100\text{m}^3/\text{h}$

管段 BC：$G_{BC}=G_2+G_3=100+100=200\text{m}^3/\text{h}$

管段 AB：$G_{AB}=G_1+G_2+G_3=100+100+100=300\text{m}^3/\text{h}$

2. 计算各管段及用户的阻力系数

对于管段 CD，根据公式（2-1）得阻力系数：

$$S_{CD}=\frac{\Delta H_{CD}}{G_{CD}^2}=\frac{10}{100^2}=1\times10^{-3}\text{mH}_2\text{O}/(\text{m}^3\cdot\text{h}^{-1})^2$$

管段 AB、BC 及用户 1、2、3 的阻力系数的计算方法同上，计算结果见表 2-1。

阻力系数计算表

表 2-1

管段及热用户编号		流量 G （m³/h）	压力损失 ΔH （mH₂O）	阻力系数 $S\times10^{-3}$［mH₂O/(m³·h⁻¹)²］
管段	AB	300	10	0.11
	BC	200	10	0.25
	CD	100	10	1.00
热用户	1	100	30	3.00
	2	100	20	2.00
	3	100	10	1.00

（二）各热用户启动流量的计算

1. 开启热用户 3

当开启热用户 3 时，热网及用户 3 的总阻力系数为：

$$S=S_{AB}+S_{BC}+S_{CD}+S_3$$

$$=(0.11+0.25+1.00+1.00)\times10^{-3}$$

$$=2.36\times10^{-3}\quad\text{mH}_2\text{O}/(\text{m}^3\cdot\text{h}^{-1})^2$$

热网的总流量为：$G=\sqrt{\dfrac{\Delta H}{S}}=\sqrt{\dfrac{40}{2.36\times10^{-3}}}\approx130\text{m}^3/\text{h}$

用户 3 的启动系数为：$\alpha_3=G/G_3=130/100=1.3$

用户 3 的启动流量为：$G_3{}'=\alpha_3G_3=1.3\times100=130\text{m}^3/\text{h}$

2. 开启热用户 2

热用户 3 调节至启动流量后，开启热用户 2，此时热用户 2 后的热网总阻力系数为：

$$S_{2-3}=\Delta H_2/G_{BC}^2=\frac{20}{200^2}=0.5\times10^{-3}\quad\text{mH}_2\text{O}/(\text{m}^3\cdot\text{h}^{-1})^2$$

热网及用户 2、3 的总阻力系数为：

$$S=S_{AB}+S_{BC}+S_{2-3}$$

$$=(0.11+0.25+0.5)\times10^{-3}$$

$$=0.86\times10^{-3}\quad\text{mH}_2\text{O}/(\text{m}^3\cdot\text{h}^{-1})^2$$

热网的总流量为：$G=\sqrt{\dfrac{\Delta H}{S}}=\sqrt{\dfrac{40}{0.86\times10^{-3}}}\approx216\text{m}^3/\text{h}$

用户 2 的启动系数为：$\alpha_2=\dfrac{G}{G_2+G_3}=\dfrac{216}{100+100}=1.08$

用户 2 的启动流量为：$G_2{}' = \alpha_2 G_2 = 1.08 \times 100 = 108 \text{m}^3/\text{h}$

3. 开启热用户 1

当热用户 2 调节至启动流量后，开始开启用户 1，此时用户 1 后的热网总阻力系数为：

$$S_{1-3} = \frac{\Delta H_1}{G_{AB}^2} = \frac{30}{300^2} = 0.33 \times 10^{-3} \quad \text{mH}_2\text{O}/(\text{m}^3 \cdot \text{h}^{-1})^2$$

热网及用户 1、2、3 的总阻力系数为：

$$S = S_{AB} + S_{1-3} = (0.11 + 0.33) \times 10^{-3} = 0.44 \times 10^{-3} \text{mH}_2\text{O}/(\text{m}^3 \cdot \text{h}^{-1})^2$$

热网的总流量为：$G = \sqrt{\dfrac{\Delta H}{S}} = \sqrt{\dfrac{40}{0.44 \times 10^{-3}}} \approx 302 \text{m}^3/\text{h}$

用户 1 的启动系数为：$\alpha_1 = \dfrac{G}{G_1 + G_2 + G_3} = \dfrac{302}{100 + 100 + 100} = 1.01$

用户 1 的启动流量为：$G_1{}' = \alpha_1 G_1 = 1.01 \times 100 = 101 \text{m}^3/\text{h}$

调节用户 1 入口处阀门直到通过用户 1 的流量等于启动流量为止，即完成预定计划法的初调节过程。

由以上分析可以看出，该调节方法计算工作量较大，当热用户较多时，手工计算难以实现，而且该调节方法在调节前必须关闭所有热用户阀门，这就决定了此调节方法只能在运行前进行，而不能在系统运行过程中进行，故实际中使用不多。

三、比例法

比例法是指各热用户系统阻力系数一定的情况下，系统上游端的调节，将使各热用户流量成等比例变化的一种初调节方法。

采用比例法进行初调节，需在供热系统中安装平衡阀，如图 2-2 所示供热系统，在各支线回水管上及用户入口处、热源出口处均安装有平衡阀，利用智能仪表直接测量平衡阀前后压差及通过平衡阀的流量，并计算出水力失调度。根据比例法的调节原理，调节平衡阀，从而解决供热系统水力失调的问题。比例法的具体调节步骤如下：

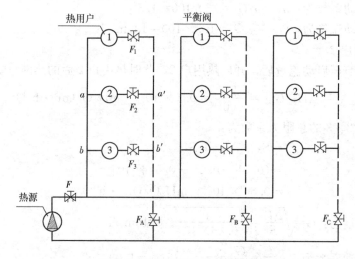

图 2-2　供热系统比例法调节简图

1. 选择调节支线

(1) 利用智能仪表测量出通过各支线平衡阀的流量 G_s。

(2) 计算各支线的流量比值，即水力失调度 x。

$$x = G_s/G \tag{2-2}$$

式中　G_s——实际流量，m^3/h；

　　　G——设计流量，m^3/h。

(3) 选择水力失调度最大的支线为调节支线。例如图 2-2 所示，假定通过平衡阀 F_A 的支线水力失调度最大，则该支线为调节支线。

2. 支线上各热用户的调节

(1) 利用智能仪表测出调节支线上各热用户入口处通过平衡阀的流量，并计算各热用户水力失调度 x，以水力失调度最小的用户为参考用户。如调节支线上 2 用户为参考用户，失调度为 x_2。

(2) 调节末端用户平衡阀 F_1。用另一台智能仪表测出通过平衡阀 F_1 的流量，并计算其水力失调度 x_1，调节平衡阀 F_1，直到 $x_1 \approx 0.95x_2$ 为止。

(3) 按支线上从远到近的顺序依次调节其他热用户，如 3 用户上的平衡阀 F_3。按调节平衡阀 F_1 的方法调节平衡阀 F_3，直到 $x_3 = x_1$ 为止。

(4) 按支线水力失调度从大到小的顺序依次按上述方法调节其他支线上热用户。

3. 干线上各支线的调节

(1) 用智能仪表测出各支线通过平衡阀的流量，如图 2-2 中 F_A、F_B、F_C 的流量 G_{SA}、G_{SB}、G_{SC}，并计算出其水力失调度，以水力失调度最小的支线阀门为参考阀门，例如以 F_B 平衡阀为参考阀门。

(2) 调节最远支线上平衡阀 F_C，直到其水力失调度 $x_c \approx 0.95x_B$ 为止。

(3) 按照从远到近的顺序依次调节其他支线上的平衡阀，如 F_A 平衡阀，直到 $x_A = x_B$ 为止。

4. 干线调节

调节热源处总平衡阀 F，使末端支线水力失调度 $x_c = 1$。

根据一致等比失调原理，经上述调节后，各支线、各用户水力失调度均为 1，即各支线、各用户均在设计流量下运行。

比例法适用于较大型、较复杂供热系统的调试工作，其原理简明、效果较好，但调节方法繁琐，且必须使用两套智能仪表，配备两组测试人员，通过报话机进行信息联系，平衡阀重复测量次数过多，调节过程费时费力。

四、补偿法

补偿法是依靠供热系统上游端平衡阀的调节，来补偿下游端因调节而引起阻力的变化。也就是说，当下游端用户的流量经平衡阀调至设计流量时，锁定其开度。而调节其他用户平衡阀时，势必要影响已调节好的下游端用户的流量，那么要想保证下游端已调好的用户流量不变，就必须保持其压力不变。采用的方法是，在调试其他平衡阀时，用改变其上一级平衡阀的开度来保持已调试好的平衡阀的压降不变，但不能改变已调好的阀门开度。

采用补偿法调节的具体方法如下：

（一）支线上各热用户的调节

1. 任选调节支线，确定调节支线上局部系统阻力最大的热用户（未含平衡阀阻力）。为保证智能仪表的测量精度，该用户平衡阀的最小压降一般取 $0.3\text{mH}_2\text{O}$。

局部系统阻力最大热用户的确定方法有以下几种：

（1）当各热用户局部系统阻力相等时，取末端用户。

（2）当各热用户局部系统阻力不等但皆为已知时，取最大值。

（3）当各热用户局部系统阻力不等且未知时，先将调节支线上所有平衡阀打开，然后逐个关闭热用户的平衡阀，并测出各热用户的总压降（含平衡阀）H_i，再分别调节各热用户的平衡阀至设计流量，测出此时各热用户的总压降 H_i'，有 H_i-H_i' 最大值的用户即为阻力最大的热用户。

例如图 2-2 中的供热系统，假定通过平衡阀 F_A 的支线为调节支线，其上用户 2 为局部系统阻力最大的热用户。

2. 调节调节支线上最末端用户 1 的平衡阀 F_1 至其开度，然后锁定平衡阀 F_1。

平衡阀 F_1 的开度可由阀 F_1 的设计流量 G_1 及设计流量下平衡阀 F_1 前后压差 ΔH_1 通过查平衡阀线算图求得。

设计流量 G_1 可根据《供热工程》教材中所讲的方法求得。那么，要想求平衡阀开度，关键是求阀 F_1 前后压差 ΔH_1。假定调节支线上 a-1-a' 压降 $\Delta H'$（不含平衡阀 F_1）及 a-2-a' 压降 $\Delta H''$（不含平衡阀 F_2）为已知，则根据 $\Delta H' + \Delta H_1 = \Delta H'' + 0.3$ 即可求出平衡阀 F_1 前后压差 ΔH_1。

3. 将智能仪表接至平衡阀 F_1 上测出其实际流量。若其实际流量偏离设计流量，则调节上一级平衡阀 F_A，直至通过平衡阀 F_1 前后压差等于 ΔH_1 为止。

4. 将另一台智能仪表接至其上游端用户 2 的平衡阀 F_2 上，调节阀 F_2，直至通过其的流量达设计流量。同时，通过第一台智能仪表监测通过阀 F_1 流量的变化，调节平衡阀 F_A，使通过阀 F_1 的流量达设计值。

5. 采用同样的方法调节 3 用户平衡阀 F_3，直至通过其的流量达设计流量。

6. 按照以上方法依次调节其他支线上的热用户。

（二）干线上各支线间的调节

1. 调节末端支线平衡阀 F_C，使通过其的流量达设计流量，然后将其锁定。

2. 依次调节其他支线上平衡阀 F_B、F_A，使其流量达设计值，同时要监测末端支线上通过平衡阀 F_C 的流量的变化。

3. 调节热源处总平衡阀 F，使末端支线上的流量始终保持在设计值。

从以上调节方法中可以看出，采用补偿法进行初调节准确、可靠，而且每个热用户的平衡阀只测量一次，因而节省人力。另外由于平衡阀是在允许的最小压降下调节的，因此降低了供热系统循环水泵的扬程，节省了运行费用。但是该方法调节同时需要两台智能仪表、二组操作人员，通过报话机进行信息联系，当仪表、人力有限时，操作有一定困难。

五、计算机法

计算机法也是借助于平衡阀以及与其配套的智能仪表来完成，与比例法、补偿法所不同的是将用户平衡阀开度的计算过程编为程序后固化在智能仪表中，借助平衡阀和智能仪表得出各热用户平衡阀的开度，并在现场进行调节。

该方法适用于系统较简单的小区供热管网系统的平衡调试，为了计算平衡阀的开度，我们对管网系统做如下假设：

（1）对某一用户平衡阀调试时，该用户系统的其他部分看作一个阻力，用阻力系数 S' 表示。

（2）调节某一用户平衡阀任意两个开度过程，S' 保持不变，而且该用户系统总压降 ΔH 不变。

有了以上两点假设，就可以得到任一用户系统总压降等于该用户系统其余部分压降与调试平衡阀压降之和，即：

$$\Delta H = \Delta H' + \Delta H_F \tag{2-3}$$

式中　ΔH——用户系统总压降，mH_2O；

　　　$\Delta H'$——用户系统其余部分压降，mH_2O；

　　　ΔH_F——调试平衡阀压降，mH_2O。

对该平衡阀作两次开度调节，可获得如下两个方程式：

$$\Delta H = S'G_1^2 + S_{F1}G_1^2 = S'G_1^2 + \Delta H_{F1} \tag{2-4}$$

$$\Delta H = S'G_2^2 + S_{F2}G_2^2 = S'G_2^2 + \Delta H_{F2} \tag{2-5}$$

由式（2-4）、（2-5）可得：

$$S'G_1^2 + \Delta H_{F1} = S'G_2^2 + \Delta H_{F2} \tag{2-6}$$

将智能仪表与所调试平衡阀阀体上两个测压小阀连接后，即可测得 G_1、G_2、ΔH_{F1}、ΔH_{F2} 值，将 G_1、G_2、ΔH_{F1}、ΔH_{F2} 代入（2-6）式就可以计算出 S'。

由用户设计流量及设计压降求出用户系统总阻力系数 S，再由该用户系统总阻力系数 S 及用户系统其他部分阻力系数 S' 求出调试平衡阀的阻力系数 S_F，即：

$$S_F = S - S' \tag{2-7}$$

根据平衡阀阻力系数及性能曲线，可知平衡阀的开度值 K_S。

将上述计算过程编为程序，固化在智能仪表中，并将平衡阀的性能曲线储存在智能仪表中。以图 2-3 为例，该方法的具体操作过程如下：

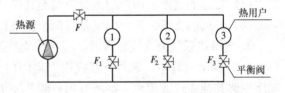

图 2-3　供热系统计算机调节法简图

1. 调节热源出口处总平衡阀 F

将智能仪表与平衡阀 F 相连，改变两次阀门的开度，然后向智能仪表输入系统总设计流量，由智能仪表读出该平衡阀开度值，将该平衡阀调至开度值后锁定平衡阀。

2. 调节剩余压头最大的用户平衡阀，一般在最有利环路上，如用户 1。采用上述方法调节好平衡阀 F_1，并将其锁定。

3. 按上述方法依次由最有利到最不利用户进行调节，即依次调节用户 2、3，直至结束。

用计算机法进行初调节，计算工作量较小，操作方法也较简单。但不足之处是该方法在编程计算过程中把平衡阀二次不同开度下用户总压降视为相等，与实际工况不符，尤其是当装平衡阀的用户热力入口与系统干、支线分支点相距较远时将会产生较大误差。

六、自力式调节法

自力式调节法是依靠自力式调节阀，自动进行流量的调节与控制，以达到初调节的目的。自力式调节阀有散热器温控阀和自力式平衡阀两种。

散热器温控阀的工作原理在前面我们已讲过，它可以人为预先设定室温，当室内温度超过设定温度时，阀门自动关小，流量随之减少，达到室内降温的目的；当室内温度低于设定温度时，阀门自动开大，流量随之增大，使室内温度升高。该阀不需任何外来能耗，能自动调节流量，实现恒温控制，既能提高室内热环境的舒适度，又能达到节能的目的。但当供热系统热源供热量不足时，即使所有散热器温控阀均开到最大，也会形成新的冷热不均的失调现象。因此，国外通常将散热器温控阀与供热系统的其他自动控制装置相结合，配套使用。

自力式平衡阀可以限制通过自身的流量不超过给定的最大值。当流量超过最大值时，其阀前、阀后的压差增大，阀芯关小，达到限流作用。采用该阀调节流量，需将安装在所有用户入口处的自力式平衡阀逐个调到用户设计流量，同时将其锁定，不需要进行手工调节，通过自动调节流量达到消除供热系统冷热不均的目的。因此，该方法在大型管网上应用可以使流量分配工作变得简单便捷，尤其是多热源管网，热源切换运行时不会对用户流量产生影响。但是对于变流量运行的管网不可采用自力式平衡阀。

七、简易快速法

简易快速法是在大量的实践基础上，由有关专家提出的一种简单易行的简易快速调节法。其调节步骤如下：

1. 改变循环水泵运行台数或调节系统供、回水总阀门，同时监测供热系统总流量，直到其达到总设计流量的120%左右为止。

2. 按照离热源由近到远的顺序，逐个调节各支线、各用户，同时监测其流量，使流量达到以下要求：

（1）最近的支线、用户的流量应调至其设计流量的80%～85%；

（2）较近的支线、用户的流量应调至其设计流量的85%～90%；

（3）较远的支线、用户的流量应调至其设计流量的90%～95%；

（4）最远的支线、用户的流量应调至其设计流量的95%～100%。

3. 当供热系统分支线较多时，应在分支处安装调节阀，仍按上述方法调节。

4. 在调节过程中，若某支线或用户当阀门全开而其流量仍未达到要求时，可按既定顺序先调其他支线或用户，待所有用户调节完毕后再检查该支线或该用户的运行流量。若与设计流量偏差超过20%时，应检查、排除有关故障。

5. 重新测量供热系统总流量，并将其控制在设计流量的100%左右。

采用该方法调节，流量的测量既可以利用平衡阀、智能仪表配套使用，也可以利用超声波流量计配合普通调节阀。采用简易快速调节方法调节供热管网，供热量的最大误差不超过10%。

思 考 题 与 习 题

1. 什么是供热系统的初调节？供热系统为什么要进行初调节？

2. 初调节的方法有哪些？其中采用平衡阀与专用智能仪表调节的方法有哪些？

3. 什么是阻力系数法？预定计划法？

4. 什么是比例法、补偿法？它们分别适用于什么情况？

5. 简述比例法、补偿法调节的具体步骤。

6. 什么是计算机法？模拟法？两者有何区别？

7. 简述简易快速调节法的调节步骤。

第三章 供热系统的运行调节基本原理和方法

第一节 运行调节的概念与必要性

一、运行调节的概念

供热系统的最佳运行状态是热用户的用热量时时刻刻与散热设备的散热量相等，也与热源的供热量相等。但热用户的用热量即热负荷因各种因素的变化而随时变化，如建筑供暖热负荷随室外气温等气象因素和人为的调低室内供热温度等人为因素而随时变化，在供热系统运行期间，为了使散热设备放出的热量与热用户变化的用热量相适应，人为的或供热系统自动的对供热的热媒参数或流量作合理的调节，称为供热系统的运行调节。

根据调节地点不同，供热调节可以分为集中调节、局部调节和个体调节三种调节方式。集中调节在热源处集中进行，局部调节在热力站或用户引入口处进行，而个体调节直接在散热设备（如散热器、暖风机等）处进行。

集中调节的方法有下列几种：

（1）质调节——改变网路供水温度；

（2）量调节——改变网路的循环流量；

（3）分阶段改变流量的质调节；

（4）分阶段改变供水温度的量调节；

（5）间歇调节——改变每天供暖时数。

二、运行调节的必要性

供热系统如果不进行运行调节，恒定地按设计的热媒参数和流量运行，可以想象有二种后果，一是供热效果不能满足要求，二是供热浪费能源。如热水供暖系统，若系统恒定按设计供水温度和设计水流量运行，在室外气温高于供暖设计室外温度的时间里，散热器的供热量大于供暖房间的热负荷，室内空气温度高于室内设计温度，使人感觉不舒适。另外室内温度高于设计室温会导致供暖能耗增加，运行费用增加，室内温度太高时有的用户会采用打开窗户等人为措施降温，更造成能源的浪费。所以，为了保证供热质量，满足使用要求，并使热能制备和输送经济合理，在保证供暖质量的前提下得到最大限度节能，供热运行调节是非常必要的。

第二节 热水供暖系统的运行调节基本理论和方法

热水供热是城市集中供热或局部供热的主要供热方式，主要有供暖、通风、热水供应和生产工艺用热系统。北方冬季供暖的地区，热水供热系统主要是供暖系统，本节主要学习掌握热水供暖系统的运行调节原理与方法。

一、集中运行调节的基本公式和原理

如前所述，供暖系统运行调节的目的是保证供暖房间室内设计温度基本恒定，要达到这一目的，供暖系统运行时要处于这样一种状态，即供暖热用户的热负荷应等于用户内散热设备的散热量，同时也应等于热水网路热媒的供热量（如不考虑管网沿途热损失）。如图3-1，供暖系统在设计工况下，供暖房间的热负荷 Q_1' 应与散热设备的散热量 Q_2' 相等，同时也与供暖管网热水的供热量 Q_3' 相等。供暖系统在非设计工况下，即室外气温 $t_w > t_w'$ 时，

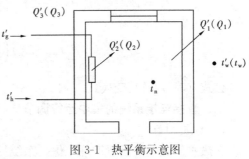

图 3-1 热平衡示意图

通过运行调节也要使供暖房间的热负荷 Q_1 与散热设备的散热量 Q_2，以及供热管网热水的供热量 Q_3 相等。

在设计与非设计工况下，供暖房间的热负荷、散热设备散热量、供热管网的供热量可有下面的计算公式：

设计工况下：

$$Q_1' = q'V(t_n - t_w') \qquad (W) \qquad (3-1)$$

$$Q_2' = KF(t_{pj}' - t_n) = aF[(t_g' + t_h')/2 - t_n]^{1+b} \qquad (W) \qquad (3-2)$$

$$Q_3' = G'c(t_g' - t_h')/3600 = 4187G'(t_g' - t_h')/3600$$

$$= 1.163G'(t_g' - t_h') \qquad (W) \qquad (3-3)$$

非设计工况下：

$$Q_1 = q \cdot V \cdot (t_n - t_w) \qquad (W) \qquad (3-4)$$

$$Q_2 = aF[(t_g + t_h)/2 - t_h]^{1+b} \qquad (W) \qquad (3-5)$$

$$Q_3 = 1.163G(t_g - t_h) \qquad (W) \qquad (3-6)$$

式中　q'、q——分别为设计与非设计工况下建筑物的体积热指标，$W/(m^3 \cdot ℃)$；

　　　　V——建筑物的外部体积，m^3；

　　　　t_n——供暖室内计算温度，$℃$；

　　t_w'、t_w——分别为供暖室外计算温度和任意室外日均温度，$℃$；

　　　a、b——散热器传热系数实验公式 $K = a(t_{pj} - t_n)^b$ 中的系数与指数；

　　　　F——散热器的散热面积，m^2；

　　t_g'、t_h'——热媒设计工况下的供、回水温度，$℃$；

　　t_g、t_h——热媒非设计工况下的供、回水温度，$℃$；

　　G'、G——热媒在设计与非设计工况下的流量，kg/h。

令 $\overline{G} = \dfrac{G}{G'}$，$\overline{Q} = \dfrac{Q}{Q'}$，并认为 $q = q'$，

则 $\overline{Q} = \dfrac{Q_1}{Q_1'} = \dfrac{Q_2}{Q_2'} = \dfrac{Q_3}{Q_3'} = \dfrac{t_n - t_w}{t_n - t_w'} = \dfrac{(t_g + t_h - 2t_n)^{1+b}}{(t_g' + t_h' - 2t_n)^{1+b}} = \overline{G}\dfrac{t_g - t_h}{t_g' - t_h'}$ 　(3-7)

式（3-7）经过变换推导可得：

$$t_g = t_n + \frac{1}{2}(t'_g + t'_h - 2t_n)\left(\frac{t_n - t_w}{t_n - t'_w}\right)^{\frac{1}{1+b}} + \frac{1}{2\overline{G}}(t'_g - t'_h)\frac{t_n - t_w}{t_n - t'_w} \tag{3-8}$$

$$t_h = t_n + \frac{1}{2}(t'_g + t'_h - 2t_n)\left(\frac{t_n - t_w}{t_n - t'_w}\right)^{\frac{1}{1+b}} - \frac{1}{2\overline{G}}(t'_g - t'_h)\frac{t_n - t_w}{t_n - t'_w} \tag{3-9}$$

公式（3-7）或其变换式（3-8）、（3-9）称为热水供暖系统运行调节的基本公式。

二、直接连接系统的集中运行调节

（一）质调节

在热水供暖系统运行期间，保持系统循环流量不变，即 $G' = G$ 或 $\overline{G} = 1$，只改变系统供、回水温度的调节称为质调节。

因为质调节 $\overline{G} = 1$，所以，对于无混水装置的直接连接散热器的供暖系统，其调节的基本公式为：

$$t_g = t_n + \frac{1}{2}(t'_g + t'_h - 2t_n)\left(\frac{t_n - t_w}{t_n - t'_w}\right)^{\frac{1}{1+b}} + \frac{1}{2}(t'_g - t'_h)\frac{t_n - t_w}{t_n - t'_w} \tag{3-10}$$

$$t_h = t_n + \frac{1}{2}(t'_g + t'_h - 2t_n)\left(\frac{t_n - t_w}{t_n - t'_w}\right)^{\frac{1}{1+b}} - \frac{1}{2}(t'_g - t'_h)\frac{t_n - t_w}{t_n - t'_w} \tag{3-11}$$

对于有混水装置（如喷射器、混水泵）的直接连接散热器的供暖系统，如图 3-2 所示，运行调节的基本公式（3-10）、（3-11）只给出混水装置后的运行参数，混水装置之前热网的供水温度 t_{1g}，需要通过混水装置的混合比 μ 求出。

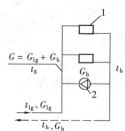

图 3-2　带混水装置的系统示意图

1—散热器；2—混水装置

在图 3-2 中，当 G_{1g} 为混水装置之前热网供水流量，G_h 为进入混水装置的回水流量，根据定义有 $\mu = \dfrac{G_h}{G_{1g}}$。由热平衡可知，在混水装置中，热网供水流量 G_{1g} 放出的热量应等于进入混水装置 G_h 吸收的热量，即：

$$G_{1g} \cdot c \cdot (t_{1g} - t_g) = G_h \cdot c \cdot (t_g - t_h)$$

则有：

$$\mu = \frac{G_h}{G_{1g}} = \frac{t_{1g} - t_g}{t_g - t_h}$$

或

$$t_{1g} = t_g + \mu\,(t_g - t_h) \tag{3-12}$$

式（3-12）中的 t_g、t_h 即为式（3-10）、（3-11）中的供回水温度，且在实际系统运行过程中，混合比 μ 值不变，可由混水装置前后设计供回水温度求出：

$$\mu = \frac{t'_{1g} - t'_g}{t'_g - t'_h} \tag{3-13}$$

将式（3-10）和（3-13）代入式（3-12），可得出有混水装置的直接连接供暖系统在热源处的质调节基本公式：

$$t_{1g} = t_n + \frac{1}{2}(t'_g + t'_h - 2t_n)\left(\frac{t_n - t_w}{t_n - t'_w}\right)^{\frac{1}{1+b}} + \left(\frac{1}{2} + \mu\right)(t'_g - t'_h)\frac{t_n - t_w}{t_n - t'_w} \tag{3-14}$$

$$t_{1h} = t_h = t_n + \frac{1}{2}(t'_g + t'_h - 2t_n)\left(\frac{t_n - t_w}{t_n - t'_w}\right)^{\frac{1}{1+b}} - \frac{1}{2}(t'_g - t'_h)\frac{t_n - t_w}{t_n - t'_w} \qquad (3-15)$$

有了质调节的理论调节基本公式（3-10）、（3-11）、（3-14）、（3-15），热源处就可以根据天气变化，求得任意室外温度 t_w 下的供、回水温度 t_{1g}、t_{1h} 或 t_g、t_h，从而调节锅炉的燃烧工况，以满足供热系统对供回水温度的要求。

若热源采用质调节时，要根据自身供暖系统的情况，将整个采暖期不同室外温度 t_w 下系统需要的供回水温度列表计算。列表计算时，t_w 取值范围为 $+5℃$ 至当地的 t'_w，其列表间隔可取 $2\sim5℃$；与散热器种类有关的指数 b，可按绝大多数用户所用的散热器形式选用，也可取综合值，如用户有的用 M132 型散热器，有的用柱型散热器，b 值可取 0.3 计算。

也可以用列表计算结果，在以 t_w 为横坐标，供回水温度为纵坐标的直角坐标图上画出热源处的质调节水温曲线。

【例 3-1】 设某市一住宅小区集中锅炉房热水供暖系统，当地供暖室外计算温度 $t'_w = -19℃$，大多数供暖房间要求室内温度 $t_n = 18℃$，散热器采用普通四柱 760 型铸铁散热器，b 值取 0.3。试列表计算下列两种情况下，质调节的供回水温度，并画出质调节水温曲线。

（1）无混水装置直接连接方式，热源处设计供回水温度分别为 $t'_g = 95℃$、$t'_h = 70℃$；

（2）有混水装置直接连接方式，热源处设计供水温度 $t'_{1g} = 130℃$，混水器混水后设计供水温度 $t'_g = 95℃$，设计回水温度 $t'_h = 70℃$。

【解】 （1）求上述两种情况的质调节供回水温度。将题中已知条件分别代入公式（3-10）、（3-11）、（3-13）、（3-14）、（3-15）后，可得两种情况下的质调节供、回水温度的简化后的计算公式如下：

无混水装置时：$t_g = 18 + 64.5\left(\frac{18 - t_w}{37}\right)^{0.77} + 12.5\left(\frac{18 - t_w}{37}\right)$

$$t_h = 18 + 64.5\left(\frac{18 - t_w}{37}\right)^{0.77} - 12.5\left(\frac{18 - t_w}{37}\right)$$

有混水装置时：$t_{1g} = 18 + 64.5\left(\frac{18 - t_w}{37}\right)^{0.77} + 47.5\left(\frac{18 - t_w}{37}\right)$

$$t_h = 18 + 64.5\left(\frac{18 - t_w}{37}\right)^{0.77} - 12.5\left(\frac{18 - t_w}{37}\right)$$

将按上面公式计算的结果列于表 3-1。

质调节时热源处的调节供回水温度表 表 3-1

室外温度 t_w（℃）			5	3	1	−1	−3	−5	−7	−9	−11	−13	−15	−17	−19
无混水时	95/70℃ 四柱型散热器	t_g	51	55	59	63	67	71	74	78	81	85	88	92	95
		t_h	43	45	48	50	53	55	57	59	62	64	66	68	70
有混水时	130/95/70℃ 四柱型散热器	t_{1g}	64	70	76	81	87	92	98	103	108	115	119	121	130
		t_g	51	55	59	63	67	71	74	78	81	85	88	92	95
		t_h	43	45	48	50	53	55	57	59	62	64	66	68	70

（2）根据上表的计算结果，绘制质调节水温曲线，如图 3-3。

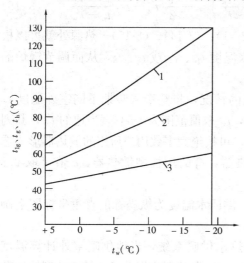

图 3-3 热水供暖系统质调节水温曲线图
1—t_{1g}水温曲线；2—t_g 水温曲线；
3—t_h 水温曲线

根据以上例题的计算和绘图结果分析，热水供热系统集中质调节时随着室外温度 t_w 的升高，系统所需的供回水温度随之降低，其温差也相应减小，而且对应的供回水温差之比等于在该室外温度下相对应的供热量之比，即：

$$\overline{Q} = \frac{Q}{Q'} = \frac{t_n - t_w}{t_n - t_w'} = \frac{t_{1g} - t_h}{t_{1g}' - t_h} = \frac{t_g - t_h}{t_g' - t_h'}$$

(3-16)

热水供暖系统热源的集中质调节的实现，要根据锅炉房的自动化控制装备程度不同，采用不同的方法。自动化程度低的锅炉房的质调节只能由司炉工根据室外温度的变化，手工调整锅炉的燃烧工况，从而调节供水温度实现质调节；安装有气候补偿器的锅炉房，气候补偿器及其控制系统可按照预先设定好的调节曲线，自动控制供水温度实现质调节。

集中质调节由于只需在热源处调节供热系统的供水温度，且运行期间循环水量保持不变，因而其运行管理简便、系统水力工况稳定。对于热电厂热水供热系统，由于供水温度随室外温度的升高而降低，可以充分利用汽轮机的低压抽气，从而有利于提高热电厂的经济性，节约燃料。但这种调节方法也存在明显不足：因循环水量始终保持最大值（设计值），消耗电能较多。另外，当供热系统存在多种类型热负荷时，在室外温度较高时，供水温度难以满足其他种类热负荷的要求。

（二）量调节

在热源处随室外温度的变化只改变系统循环水量，而供水温度保持不变（$t_g = t_g'$）的集中供热调节方法，称为量调节。

量调节时，随着室外温度 t_w 的变化，由调节的基本公式可知，热源处的热水供暖循环流量及回水温度理论上应按如下公式变化或进行调节：

$$\overline{G} = \frac{0.5(t_g' - t_h')\left(\frac{t_n - t_w}{t_n - t_w'}\right)}{t_g' - t_n - 0.5(t_g' + t_h' - 2t_n)\left(\frac{t_n - t_w}{t_n - t_w'}\right)^{\frac{1}{1+b}}}$$

(3-17)

$$t_h = 2t_n - t_g' + (t_g' + t_h' - 2t_n)\left(\frac{t_n - t_w}{t_n - t_w'}\right)^{\frac{1}{1+b}}$$

(3-18)

根据量调节公式 $t_g = t_g'$ 及公式 （3-17）、（3-18）三个调节公式，可以在以 t_w 为横坐标，t_g、t_h 及 $\overline{G}$ 为纵坐标的坐标图上画出量调节的调节曲线图。

从图 3-4 可定性地看出，采用集中量调节，当室外温度升高时，供热系统循环流量应迅速减少，回水温度也将迅速下降，在按理论公式（3-17）、（3-18）计算，室外气温较高的供暖初期和即将停止供暖的供暖后期，系统循环水量和回水温度甚至小到无法实现的程度。如仍以例题（3-1）为例，设计供回水温度为 95/70℃，采用四柱 760 型散热器，进行集中量调节，当室外温度为 5℃时，其系统循环流量只有设计流量的 9.11%，即 $\overline{G}=0.091$，相应回水温度 $t_h=-1.35$℃。

进行集中量调节，要求供热系统循环流量实现无级调节，通常采用变速水泵。循环水泵的变速，可通过变频器、可控硅直流电机和液压耦合等方式实现，目前当水泵电机功率相对较小时，一般采用变频控制使水泵变速。

集中量调节最大的优点是节省电能。其存在的主要缺点一是循环水泵流量过小时，系统将发生严重的水力失调以导致热力失调；二是热水供暖的系统在供暖期开始和结束阶段，调节要求的流量太小，回水温度太低，以致于到了不合理和难以实现的程度。

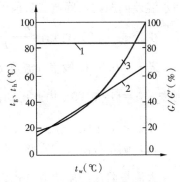

图 3-4 对流散热器量调节曲线
1—供水温度曲线；2—回水温度曲线；3—相对流量变化曲线

（三）分阶段改变流量的质调节

分阶段改变流量的质调节，是在热水供暖系统的整个运行期间，按室外温度高低分成几个阶段，在室外温度较低的阶段中，保持设计最大流量；而在室外温度较高的阶段中，保持较小的流量。在同一阶段内系统循环流量保持不变，供暖负荷变化时实行集中质调节。

该方法中调节阶段的划分要根据供暖系统规模大小确定，供暖规模较大的系统可分为三阶段：即循环流量大流量、中流量、小流量阶段。室外气温低的供暖时期，系统保持大循环流量运行，循环流量为设计循环流量（$\overline{G}=1$）；室外温度较低的供暖时期，系统保持中循环流量运行，循环流量一般为设计循环流量的 80%（$\overline{G}=0.8$）；室外温度较高的供暖时期，系统保持小循环流量运行，循环流量一般为设计循环流量的 60%（$\overline{G}=0.6$）。供暖规模较小的系统可分为二个阶段：室外温度较低的供暖时期为大流量阶段，循环流量为设计循环流量（$\overline{G}=1$）；室外温度较高的供暖时期为小流量阶段，循环流量一般为设计循环流量的 75%（$\overline{G}=0.75$）。

供暖系统分阶段变流量的实现，可以靠不同规格的循环水泵单台运行实现，即设计时就不同阶段选用不同规格的循环水泵，若系统分三阶段运行，就选大、中、小三台水泵。大流量水泵的流量、扬程均按设计工况下参数选定；中流量水泵的流量、扬程分别按设计工况下参数的 80%、64%选定；小流量水泵的流量、扬程分别按设计工况下参数的 60%、36%选定。若系统分二阶段运行，就选大小二台水泵。大流量水泵的参数按设计工况下的选定；小流量水泵的流量、扬程分别按设计工况下参数的 75%、56%选定。分阶段变流量也可靠多台水泵并联组合来实现。

按分阶段改变流量质调节方法运行调节的供暖系统，其每个阶段的质调节公式可将该阶段实际的 $\overline{G}$ 代入公式（3-8）、（3-9）得到。将整个供暖期不同 t_w 下系统需要的供回水温度值列表计算，由计算结果同样可以绘制出分阶段改变流量质调节的调节曲线。

【例 3-2】 例题 3-1 的热水供暖系统，系统与用户为无混水装置的直接连接方式，$t_g'=95$℃、$t_h'=70$℃，现采用分二阶段的变流量质调节运行。试绘制其水温调节曲线图。

【解】 （1）确定二阶段的分界线。按各阶段最低室外温度下的供回水温差均为设计供

43

回水温差的原则，确定二阶段的分界线。

由公式（3-7）可知：$\dfrac{t_n - t_w}{t_n - t'_w} = \overline{G} \cdot \dfrac{t_g - t_h}{t'_g - t'_g}$

若 $\overline{G} = 0.75$ 阶段室外温度 t_w 最低时的供回水温差 $t_g - t_h$ 为设计供回水温差 $t'_g - t'_h$，则 $\dfrac{t_n - t_w}{t_n - t'_w} = \overline{G} = 0.75$。由此可知，二阶段分界的室外温度值

$$t_w = \overline{G} \cdot (t_n - t'_w) - t_n = 0.75 \times [18 - (-19)] - 18 = -9.75℃，取 -9℃。$$

（2）确定各阶段的质调节公式，列表计算各阶段各室外温度下的 t_g、t_h 值。经化简：

大流量阶段的质调节公式为：$t_g = 18 + 64.5\left(\dfrac{18 - t_w}{37}\right)^{0.77} + 12.5\left(\dfrac{18 - t_w}{37}\right)$

$$t_h = 18 + 64.5\left(\dfrac{18 - t_w}{37}\right)^{0.77} - 12.5\left(\dfrac{18 - t_w}{37}\right)$$

小流量阶段的质调节公式为：$t_g = 18 + 64.5\left(\dfrac{18 - t_w}{37}\right)^{0.77} + 16.67\left(\dfrac{18 - t_w}{37}\right)$

$$t_h = 18 + 64.5\left(\dfrac{18 - t_w}{37}\right)^{0.77} - 16.67\left(\dfrac{18 - t_w}{37}\right)$$

将按上面公式计算的结果列于下表 3-2。

各阶段供回水温度及流量 表 3-2

室外温度 t_w（℃）		5	3	1	−1	−3	−5	−7	−9	−11	−13	−15	−17	−19
95/70℃	t_g	53	57	61	65	69	73	77	80/78	81	85	88	92	95
四柱型散热器	t_h	41	43	46	48	50	52	54	56/59	62	64	66	68	70
各阶段相对流量 $\overline{G}$（%）					0.75						1.0			

（3）根据上表的计算结果，绘制质调节水温曲线，如图 3-5。

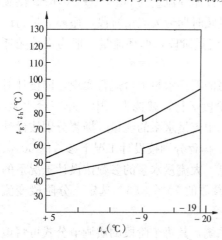

图 3-5　分阶段变流量质调节水温曲线

分阶段改变流量质调节的调节方法是质调节和量调节方法的结合，其分别吸收了两种调节方法的优点，又克服了二者的不足。适用于还未推广变速水泵的中小型供暖系统。

（四）分阶段改变供水温度的量调节

在热水供暖系统的整个运行期间，随着室外温度的提高，分几个阶段改变供水温度，在同一阶段内供水温度保持不变，实行集中量调节。即在室外温度较低的阶段中保持一定的较高的供水温度，在室外温度较高的阶段中保持一定的较低的供水温度，而在每一阶段内供暖调节采用改变系统流量的量调节，这就是分阶段改变供水温度的量调节。

该调节方法中阶段的划分，也同样要根据供暖系统的规模大小确定，供暖系统规模较大时，一般可划分为三个不同供水温度的阶段，室外温度低的供暖阶段，系统供水温度为设计温度，即 $\varphi = 1$；室外温度较低的供暖阶段，系统供水温度一般为设计供水温度的

95%，即 $\varphi=0.95$；室外温度较高的供暖阶段，系统的供水温度一般为设计供水温度的 85%，即 $\varphi=0.85$。供暖系统规模较小时，一般可划分为二个不同供水温度的阶段，室外温度较低的供暖阶段，系统供水温度为设计供水温度（$\varphi=1.0$）；室外温度较高的供暖阶段，系统供水温度一般为设计供水温度的 85%（$\varphi=0.85$）。

由运行调节的基本公式和该调节方法特征，可知分阶段改变供水温度的量调节各阶段的调节基本公式：

$$t_\text{g} = \varphi t'_\text{g} \tag{3-19}$$

$$\overline{G} = \frac{0.5(t'_\text{g}-t'_\text{h})\left(\dfrac{t_\text{n}-t_\text{w}}{t_\text{n}-t'_\text{w}}\right)}{\varphi t'_\text{g}-t_\text{n}-0.5(t'_\text{g}+t'_\text{h}-2t_\text{n})\left(\dfrac{t_\text{n}-t_\text{w}}{t_\text{n}-t'_\text{w}}\right)^{\frac{1}{1+b}}} \tag{3-20}$$

$$t_\text{h} = 2t_\text{n}-\varphi t'_\text{g}+(t'_\text{g}+t'_\text{h}-2t_\text{n})\left(\dfrac{t_\text{n}-t_\text{w}}{t_\text{n}-t'_\text{w}}\right)^{\frac{1}{1+b}} \tag{3-21}$$

将供暖系统的已知条件代入（3-19）、（3-20）、（3-21）三个调节公式，进行计算，根据计算结果仍可在以 t_w 为横坐标，t_g、t_h、G 为纵坐标的直角坐标图上画出分阶段改变供水温度的量调节曲线。

【例 3-3】 例题 3-1 的热水供暖系统，系统与用户为无混水装置的直接连接方式，现该系统采用分三阶段改变供水温度的量调节运行，试绘制其调节曲线图。

【解】 （1）确定分三个阶段的室外温度分界线。按各阶段室外温度最低开始运行时的供回水温差为设计温差，确定三个阶段的室外温度分界线。为设计供水温度的 95% 阶段的系统供水温度取定为 90℃，为设计供水温度的 85% 阶段的系统供水温度取定为 80℃。所以，$t_\text{g}=90℃$、$t'_\text{g}=95℃$ 阶段和 $t_\text{g}=80℃$、$t'_\text{g}=90℃$ 阶段的分界室外温度可按公式（3-21）计算。

将 $t_\text{h}=t_\text{g}-25=90-25$，$t_\text{n}=18℃$，$t'_\text{w}=-19℃$，$\varphi t'_\text{g}=90℃$，$t'_\text{g}=95℃$，$t_\text{h}=70℃$ 代入公式（3-21）可求得 $t_\text{g}=90℃$ 与 $t'_\text{g}=95℃$ 二阶段的分界室外温度为 $-15.3℃$，取 $-15℃$。同样，将 $t_\text{h}=t_\text{g}-25=80-25$，$\varphi t'_\text{g}=80℃$，以及其他已知条件代入公式（3-21）可求得 $t_\text{g}=80℃$ 与 $t'_\text{g}=90℃$ 二阶段的分界室外温度为 $-8.2℃$，取 $-7℃$。

（2）将已知条件代入公式（3-20）、（3-21）列表计算各阶段各室外温度下的 $\overline{G}$ 和 t_h，计算结果见表 3-3。

各阶段供回水温度及流量　　　　　　　　表 3-3

室外温度（℃）	5	3	1	-1	-3	-5	-7	-9	-11	-13	-15	-17	-19
供水温度（℃）	80	80	80	80	80	80	$\dfrac{90}{80}$	90	90	90	$\dfrac{95}{90}$	95	95
回水温度（℃）	14	20	27	33	39	45	$\dfrac{41}{51}$	47	53	58	$\dfrac{59}{64}$	64	70
$\overline{G}$	0.13	0.17	0.21	0.27	0.35	0.45	$\dfrac{0.35}{0.59}$	0.43	0.53	0.67	$\dfrac{0.62}{0.86}$	0.78	1

（3）用表 3-3 的计算结果，在以 t_g、t_h、$\overline{G}$ 为纵坐标，t_w 为横坐标的坐标图上做图，

即为分阶段改变供水温度量调节的调节曲线图，如图 3-6。

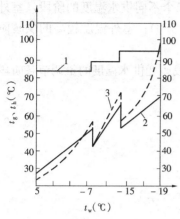

图 3-6　分阶段改变供水温度量
调节曲线图
1—供水温度曲线；2—回水温度曲线；
3—流量变化曲线

分阶段改变供水温度的量调节也是质调节与量调节的结合，与单纯量调节方法相比，在室外温度较高的供暖阶段，通过降低供水温度，从而提高回水温度，增大了系统循环流量。该方法供水温度的分阶段变化靠热源处的气候补偿器控制，系统流量的变化靠热源循环水泵的变速运行实现。

（五）间歇调节

在室外温度较高的供暖时期，热水供暖系统不改变循环水量和供水温度，而只减少每天的供暖小时数，这种供暖调节方式称为间歇调节。

间歇调节在室外温度较高的供暖初期和末期，可以作为一种辅助调节措施采用。当采用间歇调节时，供暖系统的流量与供水温度保持不变，每天供暖的小时数随室外温度的升高而减少。日供暖小时数可用下式计算：

$$n = 24 \frac{t_n - t_w}{t_n - t''_w} \tag{3-22}$$

式中　n——每天的供暖小时数，h/d；

　　　t_n——室内设计温度，℃；

　　　t_w——间歇运行时的某一室外温度；℃；

　　　t''_w——开放间歇调节时采用的供水温度相对应的室外温度（在质调节水温曲线图上与采用的供水温度对应的室外温度），℃。

采用间歇调节时，热源循环水泵每次启动运行后，系统远端用户水升温的时间总比近端用户滞后，为了使远近端的热用户通过热水的小时数接近，区域锅炉房锅炉压火后，循环水泵应继续运转一段时间，这段时间的长短要相当于热水从离热源最远的热用户到最近的热用户所需的时间。因此，循环水泵的实际工作小时数应比由公式（3-22）计算值大一些，以保证远端用户的供暖时数。

必须指出，间歇调节与间歇供暖制度有根本的不同。间歇供暖指的是在设计室外温度下，每天供暖小时数也不足 24 小时，因而必须使锅炉热容量及其他设备相应增大。间歇调节指的是在设计室外温度下，实际每天 24 小时连续供暖，仅在室外温度升高时才减少供暖小时数，间歇调节不额外增加供热设备容量。

【例 3-4】　例题 3-1 的热水供暖系统，系统与用户为无混水装置的直接连接方式，现该系统采用质调节加间歇调节的调节方式运行，当供水温度大于 70℃ 时，系统为质调节运行，当质调节供水温度为 70℃ 时，采用间歇调节。试确定室外温度为 5℃ 时，供暖系统的每天供暖小时数。

【解】　（1）计算质调节时，$t_g = 70$℃ 对应的室外温度 t''_w。将各已知条件代入公式（3-10）简化后可得：

46

$$70 = 18 + 64.5 \left(\frac{18 - t''_w}{37} \right)^{\frac{1}{1+0.3}} + 12.5 \frac{18 - t''_w}{37}$$

从例题 3-1 供水温度随室外温度变化的计算结果表（3-1）可知，$t_g = 70℃$ 时，$t''_w = -5℃$。

（2）根据公式（3-22）计算 $t_w = 5℃$ 时的间歇调节供暖小时数 n。

$$n = 24 \frac{t_n - t_w}{t_n - t''_w} = 24 \times \frac{18 - 5}{18 - (-5)} = 13.57 \text{h/d}$$

（六）质调节供回水温度的修正

集中热水供暖直连系统的运行调节基本公式是理论公式，只有当建筑物的设计热负荷和散热器散热面积与实际需要的相等，且 $\overline{G}$ 已知时，供暖系统按基本公式求出的某一室外温度下的 t_g、t_h 运行，才能保证供暖建筑的室内温度为设计室内温度，若由于设计人员的种种偏于安全的考虑或不精确计算，使得建筑物的设计热负荷、散热器实际安装的散热面积大于实际需要，则供暖系统按用理论公式计算的供回水温度参数运行，用户室温普遍高于设计室温，最终导致环境不舒适和热能的浪费。所以，当出现上述情况时，应考虑设计热负荷偏大，散热器多装的实际，对运行调节的基本公式进行修正。

用 m、L 分别表示设计面积热指标和散热器面积大于实际需要的比值：

$$m = \frac{q_g}{q_s} \tag{3-23}$$

$$L = \frac{f_g}{f_s} \tag{3-24}$$

式中　m——建筑供暖设计面积热指标增大的比值；

　　　q_g——建筑供暖设计面积热指标，W/m^2；

　　　q_s——建筑供暖实际需要的面积热指标，W/m^2；

　　　L——散热器面积增大的比值；

　　　f_g——单位建筑供暖面积散热器的安装面积，m^2；

　　　f_s——单位建筑面积散热器实际需要的面积，m^2。

在建筑供暖设计过程中，遵循的基本原则是热媒的设计供热量 Q'_3、散热器的散热量 Q'_2 和建筑物设计耗热量 Q'_1 必须相等，$Q'_1 = Q'_2 = Q'_3$。

而

$$Q'_1 = Fq_g \ (t_n - t'_w)$$

$$Q'_2 = Fkf_g \left(\frac{t'_g + t'_h}{2} - t_n \right)$$

$$Q'_3 = G'_c \ (t'_g - t'_h)$$

但设计值并不一定是实际需要值或真实值。若以 Q_1 表示建筑物实际的耗热量，则有

$$Q'_1 = mQ_1$$

在散热器多装的情况下，以 Q_2 表示实际散热量，则有

$$Q'_2 = \frac{Q_2}{L}$$

设计供热量直接由设计耗热量决定，即有

$$Q'_3 = Q'_1 = mQ_1$$

进而
$$mQ_1 = \frac{Q_2}{L} = Q'_3$$

或
$$mLQ_1 = Q_2 = LQ'_3 \tag{3-25}$$

这就是说在设计面积热指标和散热器面积增大的情况下，建筑物实际耗热量 Q_1、散热器实际散热 Q_2 和热媒设计供热量 Q'_3 之间并不相等。在设计供水温度下，由于多装了散热器，供暖系统实际供热量 LQ'_3 和建筑物实际耗热量 mLQ_1 都将由散热器的实际散热量 Q_2 所决定，其值比原来的设计值 Q'_1 更大了。

写成相对量的形式为：

$$\overline{Q} = \frac{Q'_1}{mLQ_1} = \frac{Q'_2}{Q_2} = \frac{Q'_3}{LQ'_3} \tag{3-26}$$

这是增大设计面积热指标和散热器安装面积后，供暖系统运行调节必须满足的条件。

将式（3-26）展开、整理、简化即可得到运行质调节修正后的计算公式：

$$t_g = t_n + \frac{1}{2}(t'_g + t'_h - 2t'_n)\left(\frac{1}{Lm}\frac{t_n - t_w}{t_n - t'_w}\right)^{\frac{1}{1+b}} + \frac{(t'_g - t'_h)}{2m}\left(\frac{t_n - t_w}{t_n - t'_w}\right) \tag{3-27}$$

$$t_h = t_n + \frac{1}{2}(t'_g + t'_h - 2t'_n)\left(\frac{1}{Lm}\frac{t_n - t_w}{t_n - t'_w}\right)^{\frac{1}{1+b}} - \frac{(t'_g - t'_h)}{2m}\left(\frac{t_n - t_w}{t_n - t'_w}\right) \tag{3-28}$$

【例 3-5】 例题 3-1 的热水供暖系统，系统与热用户为无混水装置的直接连接方式。若该系统设计计算的建筑物耗热量比实际耗热量大约 20%；散热器实际安装面积比实际需要面积增大了 15%，试按修正后的质调节公式计算供暖期内各室外温度下的质调节供回水温度，并与用理论公式计算的供回水温度做比较。

【解】 将已知条件及 $m=1.2$、$L=1.15$ 分别代入公式（3-10）、（3-11）、（3-27）、（3-28）进行计算，并将计算结果列在表 3-4 中。

由上表可知，在设计、施工中人为加大计算耗热量和散热器散热面积，会导致质调节的供回水温度降低。

供回水温度、理论值与修正值 表 3-4

室外温度（℃）		5	3	1	−1	−3	−5	−7	−9	−11	−13	−15	−17	−19
理论值	t_g℃	51	55	59	63	67	71	74	78	81	85	88	92	95
	t_h℃	43	45	48	50	53	55	57	59	62	64	66	68	70
修正值	t_g℃	44	47	50	53	57	59	62	65	68	71	73	76	79
	t_h℃	37	39	41	43	45	46	48	50	52	53	55	56	58

三、间接连接供暖系统的集中运行调节

建筑供暖系统与热源通过换热器间接连接时，如图 3-7 所示，整个热水供暖系统以换热器为界分为一次水系统（即与热源连接的加热侧水系统）和二次水系统（即与热用户供暖系统直连的被加热侧水系统）。随着室外温度 t_w 的变化，为保证热用户的供暖效果，不仅需对二次水供暖系统的运行工况进行调节，而且需同时对一次水供暖系统的运行工况进行调节。二次水供暖

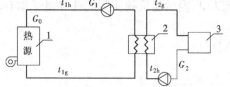

图 3-7 间接连接供暖系统示意图
1—热源；2—换热器；3—热用户

运行调节在区域换热站集中进行，调节方法同前述的直接连接供暖系统的集中运行调节。下面主要讲述一次水供暖系统的调节原理和方法。

（一）换热器的热特性

间接连接热水供暖系统中，一、二次水的热量传递由水—水换热器完成，换热器的传热量一般由下式计算：

$$Q = KF\Delta t = KF \frac{\Delta t_d - \Delta t_x}{\ln \dfrac{\Delta t_d}{\Delta t_x}} \tag{3-29}$$

式中　Q——换热器的换热量，kJ/h；

　　　K——换热器的传热系数，kJ/(m^2·h·℃)；

　　　F——换热器的传热面积，m^2；

　　　Δt——换热器流体之间的平均温度，℃；

Δt_d，Δt_x——换热器进出口处，一、二次水之间的最大、最小温差，℃。

在使用（3-29）式计算时，在非设计工况下，一次水和二次水的出口温度一般是未知的。因此，Δt_d、Δt_x、Δt 不宜计算，这就给热力工况分析计算带来不便。为此，有关著作中提出了换热器有效系数 ε，并将 Δt 用线性关系近似的描述，则换热器的换热量可由下式确定：

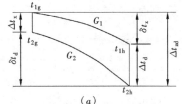

$$Q = \varepsilon_x W_x \Delta t_{zd} = \varepsilon_d W_d \Delta t_{zd} \tag{3-30}$$

式中　ε_x，ε_d——分别表示换热器小流量侧和大流量侧的有效系数；

　　　W_x，W_d——分别表示换热器小流量侧和大流量侧的流量热当量，kJ/(h·℃)；

　　　Δt_{zd}——换热器中加热流体与被加热流体之间的最大温差，℃。

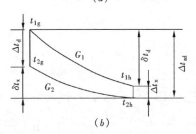

图 3-8 表示为换热器逆向流动温差，则上述参数可分别用下列各式表示：

图 3-8　换热器逆向流动温差
(a) $G_1 > G_2$；(b) $G_1 < G_2$

$$\Delta t_{zd} = t_{1g} - t_{2h} \tag{3-31}$$

$$W_x = C_x G_x \tag{3-32}$$

$$W_d = C_d G_d \tag{3-33}$$

$$\varepsilon_x = \frac{t_{2g} - t_{2h}}{t_{1g} - t_{2h}} \tag{3-34}$$

$$\varepsilon_d = \frac{t_{1g} - t_{1h}}{t_{1g} - t_{2h}} \tag{3-35}$$

式中　t_{1g}、t_{1h}——换热器一次水的进出口温度，℃；

　　　t_{2g}、t_{2h}——换热器二次水的进出口温度，℃；

　　　G_x——换热器中一、二次水流量较小者的流量，对于图 3-8 (a)，$G_x = G_2$；

对于图 3-8 (b)，$G_x = G_1$，t/h；

G_d——换热器中一、二次水流量较大者的流量，对于图 3-8 (a)，$G_d = G_1$；

对于图 3-8 (b)，$G_d = G_2$，t/h；

C_x、C_d——分别为换热器中小流量和大流量侧的热媒比热，对于水—水换热器

C_x、C_d 可认为相等，kJ/(kg·K)。

根据式 (3-30)，换热器有效系数 ε 的物理意义可定义为单位流量热当量下，换热流体之间最大温差为 1℃时换热器的换热量；再根据公式 (3-34)、(3-35)，ε 还表示加热流体的温降或被加热流体温升与最大温差之比值。因此，ε 值实际上表明了换热器的换热能力，亦即换热特性。不难看出，ε 是个小于等于 1.0 的数。当换热器传热面积 F 无穷大时，$\varepsilon = 1.0$。

在图 3-8 中，δt_d、δt_x 分别表示加热流体或被加热流体的温降与温升。进而有：

$$\delta t_d = \Delta t_{zd} - \Delta t_x \tag{3-36}$$

$$\delta t_x = \Delta t_{zd} - \Delta t_d \tag{3-37}$$

根据热平衡：

$$Q = W_d \delta t_x = W_x \delta t_d \tag{3-38}$$

则有

$$\delta t_x = \frac{Q}{W_d} \tag{3-39}$$

$$\delta t_d = \frac{Q}{W_x} \tag{3-40}$$

所以

$$\Delta t_d = \Delta t_{zd} - \frac{Q}{W_d} \tag{3-41}$$

$$\Delta t_x = \Delta t_{zd} - \frac{Q}{W_x} \tag{3-42}$$

将式 (3-41)、(3-42) 代入 (3-29) 式得：

$$\ln\left(\frac{\Delta t_{zd} - Q/W_d}{\Delta t_{zd} - Q/W_x}\right)^{-1} = \frac{KF}{W_x}\left(\frac{W_x}{W_d} - 1\right)$$

令

$$\omega = KF/W_x \tag{3-43}$$

称 ω 为工况系数，是无量纲数。上式化简为

$$\exp\left[\omega\left(\frac{W_x}{W_d} - 1\right)\right] = \frac{\Delta t_{zd} - Q/W_x}{\Delta t_{zd} - Q/W_d}$$

移项：

$$\Delta t_{zd} = \Delta t_{zd} \times \exp\left[\omega\left(\frac{W_x}{W_d} - 1\right)\right] + \left[\frac{1}{W_x} - \frac{1}{W_d}\exp\omega\left(\frac{W_x}{W_d} - 1\right)\right]Q$$

整理可得：

$$Q = \frac{1 - \exp\omega\left(\frac{W_x}{W_d} - 1\right)}{1 - \frac{W_x}{W_d}\exp\omega\left(\frac{W_x}{W_d} - 1\right)} W_x \Delta t_{zd}$$

将此式与（3-30）式比较，可得

$$\varepsilon = \frac{1 - \exp\omega\left(\frac{W_x}{W_d} - 1\right)}{1 - \frac{W_x}{W_d}\exp\omega\left(\frac{W_x}{W_d} - 1\right)} \tag{3-44}$$

（3-44）式是换热器逆向流动时，有效系数 ε 的精确计算公式。

为了简化 ε 的计算，有关专著中将换热器中冷热流体的对数温差 Δt 用如下线性关系式表示：

$$\Delta t = \Delta t_{zd} - a\delta t_x - b\delta t_d \tag{3-45}$$

a 和 b 为与换热器中冷热流体流动方式有关的常系数。通常情况下，无论哪种流动方式，系数 b 可视为常数，$b = 0.65$；系数 a 取值如下：

逆向流动：$a = 0.35$

交错流动：$a = 0.425 \sim 0.55$

顺向流动：$a = 0.65$

将式（3~45）代入式（3-29），可得到 Δt 用线性关系描述时的 ε 计算公式

$$\varepsilon = \frac{1}{a\frac{W_x}{W_d} + b + \frac{1}{\omega}} \tag{3-46}$$

对于水—水换热器，$\frac{W_x}{W_d} = \frac{G_x}{G_d}$，$\varepsilon$ 的计算式可为

$$\varepsilon = \frac{1}{a\frac{G_x}{G_d} + b + \frac{1}{\omega}} \tag{3-47}$$

经验算对逆向流动的水—水换热器用式（3-46）、（3-44）计算出的 ε 值，最大偏差值不超过 $3\% \sim 4\%$。

（二）间接连接一次水供、回水温度调节公式

如图 3-7 所示，若一次水系统的供、回水温度为 t_{1g}、t_{1h}，相应流量为 G_1。二次水系统供、回水温度为 t_{2g}、t_{2h}，相应流量为 G_2。在进行集中调节时，必然满足如下方程：

$$\overline{Q} = \overline{G_1} \frac{t_{1g} - t_{1h}}{t'_{1g} - t'_{1h}}$$

$$\overline{Q} = \varepsilon \overline{G_1} \frac{t_{1g} - t_{2h}}{t'_{1g} - t'_{2h}}$$

$$\overline{Q} = \overline{G_2} \frac{t_{2g} - t_{2h}}{t'_{2g} - t'_{2h}}$$

式中　t'_{1g}、t'_{1h}——一次水的设计供、回水温度，℃；

　　　t'_{2g}、t'_{2h}——二次水的设计供、回水温度，℃；

　　　$\overline{Q}$——换热器实际工况与设计工况下的换热量之比；

$\overline{G_1}$、$\overline{G_2}$——换热器一次水和二次水实际工况与设计工况下的水流量之比；

ε——换热器的有效系数，按式（3-47）计算。

在通常情况下，一次水系统的供水温度 t_{1g} 高于二次水系统的供水温度 t_{2g}，以及一次水系统的供、回水温差 $\delta t_1=t_{1g}-t_{1h}$ 大于二次水系统的供、回水温差 $\delta t_2=t_{2g}-t_{2h}$。因在公式（3-47）中 $G_x=G_1$，$G_d=G_2$，这样必然有 $G_1<G_2$。

将上述三个方程联立、化简，可求得间接连接系统中一次水系统供、回水温度的调节公式：

$$t_{1g} = t_{2g} + \frac{t'_{2g}-t'_{2h}}{\overline{G_2}}\left(\frac{G_2}{G_1\varepsilon}-1\right)\left(\frac{t_n-t_w}{t_n-t'_w}\right) \tag{3-48}$$

$$t_{1h} = t_{2h} + \frac{t'_{1g}-t'_{1h}}{\overline{G_1}}\left(\frac{G_1}{G_1\varepsilon}-1\right)\left(\frac{t_n-t_w}{t_n-t'_w}\right) \tag{3-49}$$

在公式（3-48）和（3-49）中，二次水的供、回水温度 t_{2g}、t_{2h} 可根据二次水的不同调节方式，利用直接连接时的相应调节公式计算。t'_{1g}、t'_{1h}、t'_{2g}、t'_{2h} 为一、二次水相应供、回水温度的设计值。因此，当一、二次水的相对流量 G_1、G_2 已知时，即可求出不同室外温度 t_w 下一次水的供、回水温度调节值。

当一、二次水均采用质调节时，即 $\overline{G_1}=\overline{G_2}=1$ 时，公式（3-48）和（3-49）可简化为：

$$t_{1g} = t_{2g} + (t'_{2g}-t'_{2h})\left(\frac{G_2}{G_1\varepsilon}-1\right)\left(\frac{t_n-t_w}{t_n-t'_w}\right) \tag{3-50}$$

$$t_{1h} = t_{2h} + (t'_{1g}-t'_{1h})\left(\frac{G_1}{G_1\varepsilon}-1\right)\left(\frac{t_n-t_w}{t_n-t'_w}\right) \tag{3-51}$$

对于较大型的集中供暖系统，由于热力站数目较多，各热力站二次水由于各种因素，即使在同一室外温度下采用同样的调节方法，也不能保证有相同的供水温度和相同的回水温度，将不同热力站二次水的 t_{2g}、t_{2h} 代入公式（3-48）、（3-49）计算，则不同热力站要求一次水的供、回水温度 t_{1g}、t_{1h} 不同，但对于同一个供暖系统，其一次水只能按照某一个水温调节曲线运行，即在某一室外温度 t_w 下只能有一个 t_{1g} 和一个 t_{1h}，这就给运行调节带来困难和矛盾。

如果间接连接的较大型供暖系统，一次水在某一室外温度下的调节供、回水温度不按个别热力站二次水的供、回水温度来计算和调节，而是依据各热力站二次水供、回水温度的平均值来计算和调节，则上述运行调节的困难和矛盾就可以解决。

将公式（3-48）、（3-49）相加，并将：

$$t_{1g} = t_{1h} + \frac{Q}{G_1C_1}, t_{1h} = t_{1g} - \frac{Q}{G_1C_1}$$

代入，化简得：

$$t_{1g} = t_{2p} + \left(\frac{t'_{1g}-t'_{1h}}{\overline{G_1}\varepsilon} - \frac{t'_{2g}-t'_{2h}}{2\overline{G_2}}\right)\left(\frac{t_n-t_w}{t_n-t'_w}\right) \tag{3-52}$$

$$t_{2h} = t_{2p} + \left[\left(\frac{1}{\varepsilon}-1\right)\frac{t'_{1g}-t'_{1h}}{\overline{G_1}} - \frac{t'_{2g}-t'_{2h}}{2\overline{G_2}}\right]\left(\frac{t_n-t_w}{t_n-t'_w}\right) \tag{3-53}$$

式中 t_{2p}——二次水供、回水温度的平均值，即 $t_{2p}=\frac{t_{2g}+t_{2h}}{2}$，$t_{2p}$ 也可用下式求得：

$$t_{2p} = t_n + \frac{1}{2}(t'_{2g} + t'_{2h} - 2t_n)\left(\frac{t_n - t_w}{t_n - t'_w}\right)^{\frac{1}{1+b}} \tag{3-54}$$

当二次网采用质调节时，公式（3-52）、（3-53）可写为：

$$t_{1g} = t_{2p} + \left(\frac{t'_{1g} - t'_{1h}}{\overline{G}\varepsilon} - \frac{t'_{2g} - t'_{2h}}{2}\right)\left(\frac{t_n - t_w}{t_n - t'_w}\right) \tag{3-55}$$

$$t_{1h} = t_{2p} + \left[\left(\frac{1}{\varepsilon} - 1\right)\frac{t'_{1g} - t'_{1h}}{\overline{G}_1} - \frac{t'_{2g} - t'_{2h}}{2}\right]\left(\frac{t_n - t_w}{t_n - t'_w}\right) \tag{3-56}$$

公式（3-52）、（3-53）就是多个热力站间接连接一次水供、回水温度的调节公式，应用公式时首先应确定一、二次水采用质调节或量调节的方案，另外关键是计算换热器的有效系数 ε，只要一、二次水的调节方式确定，并求出 ε，任何室外温度 t_w 下的一次水供、回水调节 t_{1g}、t_{1h} 皆可求出。

（三）间接连接供暖系统一次水的运行调节方式

间接连接供暖系统一次水的运行调节方式常采用的有以下三种：

1. 质调节

如图 3-7 所示，热源处装设气候补偿器，气候补偿器根据室外温度和二次水的供水温度的信息反馈，控制锅炉的燃烧，从而控制一次水的供水温度。

2. 质量——流量调节

质量——流量调节方法，即同时改变一次水供水温度和流量的方法。随着室外温度的变化，如何选择流量变化的规律是一个优化调节方法的问题，目前采用的一种方法是调节一次水流量，使一次水的相对流量比 $\overline{G}$ 等于供暖的热负荷比 $\overline{Q}$。

采用质量——流量调节方法，一次水流量随供暖热负荷的减少而减小，可以大大节省一次水循环水泵的电能消耗。但在系统中需设置变速循环水泵和配置相应的自控设施（如控制一次水供、回水温差为恒定值，控制水泵转速等），才能达到满意的运行效果。

分阶段改变流量的质调节和间歇调节，也可在间接连接的供暖系统的一次水调节上应用。

四、局部调节及供暖系统的最佳调节工况

经过集中运行调节，供暖系统可实现全网的按需供热，即系统各热用户平均室温可达到 t_n 的设计要求。但这时还不能保证热用户各房间的室内温度都满足设计要求。这后一项任务一般由局部运行调节来实现。所谓局部运行调节，就是在单个用户热力站或用户热力入口进行的运行调节。

如近似的认为，热用户每一个房间的热负荷都和室内外温差成正比，要求各房间室内温度在某一室外温度下都符合设计值，就必须使各房间散热设备的放热量按同样比例变化，亦即

$$\overline{Q} = \overline{q} = \frac{q_1}{q_1} = \frac{q_2}{q_2} = \cdots\cdots = \frac{t_n - t_w}{t_n - t'_w} \tag{3-57}$$

即

$$\overline{Q} = \overline{q} = \overline{q}_1 = \overline{q}_2 = \cdots\cdots = \frac{t_n - t_w}{t_n - t'_w} \tag{3-58}$$

式中 t_n——供暖房间室内温度，℃；

  t'_w、t_w——供暖室外计算温度和某一室外温度，℃；

$\overline{q}$——每一个房间的相对热量比，亦即在某一室外温度下房间的热负荷与该房间在供暖室外计算温度下的热负荷之比；

$\overline{Q}$——建筑物的相对热量比。

同样，在下面的公式中，均以带"′"上标符号者表示在供暖室外计算温度 t'_w 下的各种参数，而以不带上标符号表示在某一室外温度 t_w（$t_w > t'_w$）下的各种参数；下标符号"1"、"2"……代表各房间编号。

供暖调节时热介质和流量参数能够满足式（3-58）要求的调节工况，称为最佳调节工况。如果供暖调节热介质和流量参数偏离最佳调节工况，那么各房间的室内温度不可能保持一致，就要产生热力失调。各层散热器之间不按比例放热的现象称为竖向热力失调。同一层散热器之间不按比例放热的现象称为水平热力失调。

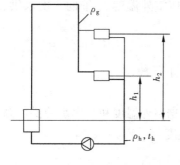

图 3-9 双管热水供暖系统示意图

热水供暖系统的水平热力失调主要是由于各立管环路之间水力失调引起的。水力失调就要导致热力失调。竖向热力失调除了由于水力失调引起的原因外，还取决于供暖系统的形式。通过对单管和双管系统的最佳调节工况的分析，可以看出这两种不同形式的系统，产生竖向失调的内在原因是不相同的。

（一）双管热水供暖系统的最佳调节工况

图 3-9 为一双管热水供暖系统示意图。按照上述的分析，则

$$\overline{q_1} = \overline{G_1} \frac{t_g - t_h}{t'_g - t'_h}; \overline{q_2} = \overline{G_2} \frac{t_g - t_h}{t'_g - t'_h} \qquad (3\text{-}59)$$

式中　$\overline{G_1}$、$\overline{G_2}$——散热器 1 和 2 的相对流量比，亦即在某一室外温度下（运行工况）进入散热器 1 和 2 的流量与在供暖室外计算温度下（设计工况）的流量比；

t_g、t_h——在运行工况下散热器 1 与 2 的进水温度和回水温度，℃；

t'_g、t'_h——在设计工况下散热器 1 与 2 的进水温度和回水温度，℃。

由此可见，要使双管系统不产生热力失调，实现最佳调节工况 $\overline{q} = \overline{q_1} = \overline{q_2}$，就必须保证流过各散热器的流量也按同一比例变化，当然，用户的相对流量比也按同一比例变化，即：

$$\overline{G} = \overline{G_1} = \overline{G_2} \qquad (3\text{-}60)$$

如系统阻力数没有发生变化，根据水力学公式 $\Delta p = S G^2$，可以得出：要使各散热器的流量按同一比例 $\overline{G}$ 变化，归根到底就是要保证通过散热器 1、2 的各环路的作用压差也应按同一比例变化，亦即要求：

$$\overline{\Delta P} = \overline{\Delta P_1} = \overline{\Delta P_2} \qquad (3\text{-}61)$$

式中　$\overline{\Delta P_1} = \Delta P_1 / \Delta P'_1$——在运行工况和设计工况下通过散热器 1 的循环环路的作用压差之比；

$\overline{\Delta p_2} = \Delta p_2 / \Delta p'_2$——在运行工况和设计工况下通过散热器 2 的循环环路的作用压差之比。

对于双管自然循环热水供暖系统，作用压差是由于水的密度引起的，可由下式表示：

$$\overline{\Delta p_1} = \frac{\Delta p_{z1}}{\Delta p'_{z1}} = \frac{gh_1(\rho_h - \rho_g)}{gh_1(\rho'_h - \rho'_g)} = \frac{\rho_h - \rho_g}{\rho'_h - \rho'_g} \qquad (3\text{-}62)$$

$$\overline{\Delta p_2} = \frac{\Delta p_{z2}}{\Delta p'_{z2}} = \frac{gh_2(\rho_h - \rho_g)}{gh_2(\rho'_h - \rho'_g)} = \frac{\rho_h - \rho_g}{\rho'_h - \rho'_g} \qquad (3\text{-}63)$$

因而

$$\overline{\Delta p} = \overline{\Delta p_1} = \overline{\Delta p_2} \qquad (3\text{-}64)$$

式中　　$\Delta P'_{z1}$、ΔP_{z1}——在设计工况和运行工况下通过散热器 1 的重力循环作用压差，Pa；

$\Delta p'_{z2}$、Δp_{z2}——在设计工况和运行工况下通过散热器 2 的重力循环作用压差，Pa；

ρ'_h、ρ'_g——在设计工况下回水与供水的密度，kg/m³；

ρ_h、ρ_g——在运行工况下回水与供水的密度，kg/m³。

由此可清楚看出：在双管自然循环热水供暖系统中，由于系统本身具有各层散热器的作用压差按比例变化的特性，因而通过各层散热器的流量也就按比例变化，系统也将不会产生竖向热力失调，满足 $\overline{q} = \overline{q} = \overline{q_2}$ 的最佳调节工况。

对于机械循环的双管热水供暖系统，通过各层散热器循环环路的总作用压差是重力循环作用压差与循环水泵产生的机械循环作用压差之和。在设计工况下通过散热器 1 与 2 的循环环路的总作用压差为：

$$\Delta P'_1 = \Delta P'_b + \Delta p'_{z1} \qquad (3\text{-}65)$$

$$\Delta P_2 = \Delta P'_b + \Delta p'_{z2} \qquad (3\text{-}66)$$

式中　　$\Delta P'_b$——在设计工况下，水泵产生的循环作用压差，Pa；

$\Delta P'_{z1}$、$\Delta P'_{z2}$——在设计工况下，通过散热器 1、2 的重力循环作用压差，Pa。

同理，在某一运行工况下，上两式可改写为：

$$\Delta P_1 = \Delta P_b + \Delta p_{z1} \qquad (3\text{-}67)$$

$$\Delta P_2 = \Delta P_b + \Delta p_{z2} \qquad (3\text{-}68)$$

如前所述，在双管供暖系统中，为使 $\overline{q} = \overline{q_1} = \overline{q_2}$，则应保证 $\overline{G} = \overline{G_1} = \overline{G_2}$，而要保证通过各散热器的循环流量按比例变化，则其总作用压差也应要求按比例变化，即：

$$\overline{\Delta p} = \overline{\Delta p_1} = \overline{\Delta p_2} \qquad (3\text{-}69)$$

或　　　　$$\overline{\Delta p} = \frac{\Delta p_b + \Delta p_{z1}}{\Delta p'_b + \Delta p'_{z1}} = \frac{\Delta p_b + \Delta p_{z2}}{\Delta p'_b + \Delta p'_{z2}} \qquad (3\text{-}70)$$

根据比例的等比和分比定理，可得

$$\overline{\Delta p} = \frac{\Delta p_{z1} - \Delta p_{z2}}{\Delta p'_{z1} - \Delta p'_{z2}} \qquad (3\text{-}71)$$

因重力循环作用压差是按比例变化的，即：

$$\overline{\Delta p_z} = \frac{\Delta p_{z1}}{\Delta p'_{z1}} = \frac{\Delta p_{z2}}{\Delta p'_{z2}} \qquad (3\text{-}72)$$

将式（3-72）的 $\Delta p_{z1} = \overline{\Delta p_z} \Delta p'_{z1}$，$\Delta p_{z2} = \overline{\Delta p_z} \Delta p'_{z2}$ 代入式（3-71），可得：

$$\overline{\Delta p} = \overline{\Delta p_z} \qquad (3\text{-}73)$$

又将式（3-72）

$$\frac{\Delta p_{z1}}{\Delta p'_{z1}} = \frac{\Delta p_{z2}}{\Delta p'_{z2}} = \overline{\Delta p}$$

代入式（3-70）中，通过比例转换，可得

$$\frac{\Delta p_{z1}}{\Delta p'_{z1}} = \frac{\Delta p_{z2}}{\Delta p'_{z2}} = \frac{\Delta p_b}{\Delta p'_b}$$

亦即得出，$\overline{\Delta p} = \overline{\Delta p_z} = \overline{\Delta p_b}$ （3-74）

式中 $\overline{\Delta p} = \dfrac{\Delta p_1}{\Delta p'_1} = \dfrac{\Delta p_2}{\Delta p'_2}$——通过各散热器循环环路的相对总作用压差比；

         $\overline{\Delta p_b} = \Delta p_b / \Delta p'_b$——水泵产生的相对循环作用压差比；

         $\overline{\Delta p_z} = \dfrac{\Delta p_{z1}}{\Delta p'_{z1}} = \dfrac{\Delta p_{z2}}{\Delta p'_{z2}}$——通过各散热器循环环路的相对重力循环作用压差比。

    式（3-74）表明：为使机械循环双管供暖系统中各散热器的流量按比例变化，则必须要求使水泵产生的作用压差以及总的循环作用压差也按系统中重力循环的作用压差的比例变化。

    在热水供暖系统的水温范围内，可近似地认为水的密度变化与水温变化成比例，则：

$$\overline{\Delta p_z} = \frac{\rho_h - \rho_g}{\rho_h - \rho_g} = \frac{t_g - t_h}{t'_g - t'_h} \tag{3-75}$$

    又如系统的总阻力数没有改变，根据 $\Delta p = SG^2$，则

$$\overline{\Delta p} = \overline{G^2} \tag{3-76}$$

    根据式（3-75）、（3-76），因 $\overline{\Delta p_z} = \overline{\Delta P}$ 由此可得

$$\overline{G^2} = \frac{t_g - t_h}{t'_g - t'_h} \tag{3-77}$$

又各个散热器的相对热量比 $\bar{q}$，可用下式表示：

$$\overline{Q} = \bar{q} = \overline{G} \frac{t_g - t_h}{t'_g - t'_h} \tag{3-78}$$

将式（3-77）代入式（3-78），得

$$\overline{Q} = \overline{G^3}$$

或 $$\overline{G} = \overline{Q}^{1/3} = \left(\frac{t_n - t_w}{t_n - t'_w}\right)^{1/3} \tag{3-79}$$

    式（3-79）表明各个散热器都按同一比例变化（$\overline{G} = \overline{G_1} = \overline{G_2}$）的条件。将这个补充条件（亦即用人为的供热调节手段来实现）代入散热器供暖系统供暖调节的基本公式（3-8）、（3-9），可得出双管热水供暖系统最佳调节工况下的供、回水温度的计算公式。

$$t_g = t_n + \frac{1}{2}(t'_g + t'_h + 2t_n)\left(\frac{t_n - t_w}{t_n - t'_w}\right)^{\frac{1}{1+b}} + \frac{1}{2}(t'_g - t'_h)\left(\frac{t_n - t_w}{t_n - t'_w}\right)^{\frac{2}{3}} \tag{3-80}$$

$$t_h = t_n + \frac{1}{2}(t'_g + t'_h + 2t_n)\left(\frac{t_n - t_w}{t_n - t'_w}\right)^{\frac{1}{1+b}} - \frac{1}{2}(t'_g - t'_h)\left(\frac{t_n - t_w}{t_n - t'_w}\right)^{\frac{2}{3}} \tag{3-81}$$

    式中公式符号同式（3-8）、（3-9）。

    从上面分析可得下列结论：

    1. 双管热水供暖系统的最佳调节工况是质和量的综合调节。随着室外温度的升高，不但应该降低供水温度，而且还应逐步减小网路的循环水量。

    2. 双管热水供暖系统的竖向热力失调主要是由重力循环作用压差引起的。因此，如

供暖系统的供、回水温差增大，则使系统的重力循环作用压差增大，重力循环作用压差占总作用压差的比例也随之增大。如果系统不按最佳调节工况进行供热调节，将更容易引起竖向热力失调。反之，如减小供暖系统的供、回水温差，增大了循环流量，则有利于减轻系统的竖向热力失调现象。

3. 如热水供暖系统采用质调节，则双管供热系统的初调节应约在供暖期中的平均室外温度时进行。因为，在供暖初期的室外温度较高时进行初调节，随着室外温度的降低，重力循环作用压差将增大，由于水泵产生的作用压差不变，上层散热器的循环环路的总作用压差增加得多一些，因而系统将产生上热下冷的竖向热力失调。反之，如初调节在供暖室外计算温度下进行，则在室外温度较高时，系统将出现上冷下热的竖向失调现象。

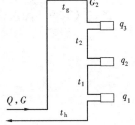

图 3-10 单管供暖系统

（二）单管热水供暖系统的最佳调节工况

图 3-10 为一单管热水供暖系统的示意图。根据最佳调节工况的定义，各散热器的放热量应按同一比例变化（即 $\overline{q}=\overline{q_1}=\overline{q_2}=\overline{q_3}\cdots\cdots$），因而各立管和整个用户的放热量也应按同一比例变化，即：

$$\overline{Q}=\overline{Q}_L=\overline{q} \tag{3-82}$$

式中　$\overline{q}$——各散热器在运行工况与设计工况的相对放热量比；

　　　$\overline{Q}_L$——立管的相对热量比；

　　　$\overline{Q}$——整个用户的相对热量比。

根据各散热器的放热量公式，可得

$$\overline{Q}=\overline{q}=\left(\frac{t_g+t_2-2t_n}{t'_g+t'_2-2t_n}\right)^{1+b}=\left(\frac{t_2+t_1-2t_n}{t'_2+t'_1-2t_n}\right)^{1+b}=\left(\frac{t_1+t_h-2t_n}{t'_1+t'_h-2t_n}\right)^{1+b}$$

因此　　　　$$\overline{Q}^{\frac{1}{1+b}}=\frac{t_g+t_2-2t_n}{t'_g+t'_2-2t_n}=\frac{t_2+t_1-2t_n}{t'_2+t'_1-2t_n}=\frac{t_1+t_h-2t_n}{t'_1+t'_h-2t_n} \tag{3-83}$$

根据比例的更比和分比定理，可得

$$\overline{Q}^{\frac{1}{1+b}}=\frac{t_g-t_n+t_2-t_1}{t'_g-t'_h+t'_2-t'_1} \tag{3-84}$$

如系统中各管段的阻力数没有变化，则各散热器的相对流量比，各立管以及整个用户的相对流量比不会改变，亦即

$$\overline{G}=\overline{G}_l=\overline{G}_1=\overline{G}_2=\overline{G}_3 \tag{3-85}$$

式中　$\overline{G}_1$、$\overline{G}_2$、$\overline{G}_3$——各散热器在运行工况和设计工况下通过的相对流量比；

　　　$\overline{G}_l$——立管的相对流量比；

　　　$\overline{G}$——整个用户的相对流量比。

根据热介质的放热热平衡公式，可得

$$\overline{Q}=\overline{q}_2=\overline{G}_2\frac{t_2-t_1}{t'_2-t'_1} \tag{3-86}$$

$$\overline{Q}=\overline{q}_l=\overline{G}_l\frac{t_g-t_h}{t'_g-t'_h} \tag{3-87}$$

因 $\overline{q_2} = \overline{q_l}$、$\overline{G_2} = \overline{G_l}$，由此可得

$$\frac{t_2 - t_1}{t_2' - t_1'} = \frac{t_g - t_h}{t_g' - t_h'} \tag{3-88}$$

根据比例的合比定理，则

$$\frac{t_g - t_h}{t_g' - t_h'} = \frac{t_g - t_h + t_2 - t_1}{t_g' - t_h' + t_2' - t_1'} \tag{3-89}$$

将式（3-89）代入式（3-84），可得

$$\overline{Q}^{\frac{1}{1+b}} = \overline{q}^{\frac{1}{1+b}} = \frac{t_g - t_h}{t_g' - t_h'} \tag{3-90}$$

或

$$\overline{Q} = \overline{q} = \left(\frac{t_g - t_h}{t_g' - t_h'}\right)^{1+b} \tag{3-91}$$

式（3-91）说明：从散热器的放热角度来分析，如要各散热器的放热量按同一比例变化，不仅各散热器的平均计算温度按同一比例变化，而且各立管（整个用户）的供、回水温度差也得按同一比例变化。

从热介质放热的热平衡方程式，可得：

$$\overline{Q} = \overline{G}\frac{t_g - t_h}{t_g' - t_h'} \tag{3-92}$$

将式（3-90）代入式（3-92），可得

$$\overline{G} = \overline{Q}^{\frac{b}{1+b}} = \left(\frac{t_n - t_w}{t_n - t_w'}\right)^{\frac{b}{1+b}} \tag{3-93}$$

式（3-93）表明在单管热水供暖系统中，各个散热器都按同一比例变化的条件。将此补充条件同样代入散热器供暖系统供热调节的基本公式（3-8）、（3-9），可得出单管热水供暖系统最佳调节工况下的供、回水温度计算公式：

$$t_g = t_n + (t_g' - t_n)\left(\frac{t_n - t_w}{t_n - t_w'}\right)^{\frac{b}{1+b}} \tag{3-94}$$

$$t_h = t_n + (t_g' - t_n)\left(\frac{t_n - t_w}{t_n - t_w'}\right)^{\frac{b}{1+b}} \tag{3-95}$$

从上面分析可得如下结论：

1. 单管热水供暖系统的最佳调节工况也是质和量的综合调节。随着室外温度升高，同样要降低供水温度和减小循环流量。

2. 引起单管热水供暖系统竖向热力失调的原因，不是由于重力循环作用压差的影响，而是由于散热器的传热系数 K 值随散热器平均计算温差的变化引起的。因为上层散热器的平均温度较高，K 值较大，而下层散热器的平均温度较低，K 值较小。因此，当采用质调节时，随着室外温度 t_w 升高，供水温度降低，上层散热器的 K 值和放热量就较下层散热器下降得多，从而引起了上冷下热的竖向热力失调。为了补偿 K 值不以同一比例减小的影响，单管热水供暖系统的最佳调节工况与质调节相比较，系统的供水温度要高一些，回水温要降低一些，供、回水温差增大，系统的循环水量就得减少，成为质和量的综

合调节。

3. 增大系统的循环流量，使供、回水温度差减小，上、下层散热器的 K 值不以同一比例下降的影响相对减轻，对减轻系统的竖向热力失调是有好处的。因此，在运行中，无论是双管还是单管系统，增大循环流量对改善竖向热力失调总是有利的，但必然要多耗费些电能。

第三节　蒸汽供热系统的运行调节

蒸汽供热系统对各种热负荷种类有较强的适应能力。通常除用于供暖、通风、空调制冷和热水供应外，主要用于工业中生产的蒸发、干燥、加热、以蒸汽为动力—作功或发电以及热电联合生产。

蒸汽供热系统与热水系统比较，其中一个突出的特点是易于调节控制，针对蒸汽介质的特点，选择合理的调节控制方法，蒸汽供热系统不但能消除工况失调，达到预期供热效果，而且能有效实现热量的梯级利用，获得最大的经济效益。本节介绍蒸汽供热系统常用的几种调节方法。

一、量调节

由蒸汽表得知，压力为 0.4MPa（绝对）的饱和蒸汽焓值为（饱和温度 143.6℃）2737.6kJ/kg，压力为 1.5MPa（饱和温度 198.3℃）的饱和蒸汽焓值为 2789.9kJ/kg，压力提高了 1.1MPa，蒸汽焓值只增加了 1.9%。压力为 0.4MPa，温度为 200℃的过热蒸汽焓值为 2860.4kJ/kg，即过热度为 56.4℃时焓值只增加 4.5%；压力为 1.5MPa，温度为 300℃的过热蒸汽焓值为 3038.9kJ/kg，即过热度为 101.7℃时的焓值增加 8.9%。由此看出，在供热温度的范围内（130～300℃），蒸汽压力、温度的变化，对其焓值的影响不超过 10%，亦即单靠质调节（只改变蒸汽压力、温度不改变蒸汽流量），对换热量的调节幅度很小，难以满足热负荷的变化要求。因此，对于蒸汽供热系统来说，适应热负荷变化的基本运行调节方式为量调节。

（一）集中量调节

在区域锅炉房蒸汽供热系统中，蒸汽流量按下式计算

$$G = \frac{3.6Q}{r} \quad \text{(kg/h)} \tag{3-96}$$

式中　G——所需蒸汽流量，kg/h；

　　　Q——供热系统热负荷，W；

　　　r——蒸汽的汽化潜热，kJ/kg。

当供热系统热负荷 Q 发生变化时，一般在用热设备处通过阀门调节改变蒸汽流量，以适应热负荷的变化。由于系统负荷的变化，区域锅炉中的锅炉蒸汽压力也将随着发生变化。当热负荷减小时，锅炉蒸汽压力要升高；热负荷增大时，锅炉蒸汽压力降低。此时由于锅炉本体金属蓄热以及锅筒中水侧、汽侧的蓄热将影响气压变化的速度。对于不同容量的锅炉，其热负荷变化引起压力的最大变化速度分别为：

低压锅炉：$(\mathrm{d}p/\mathrm{d}\tau)_{zd} = 3 \sim 4\text{kPa/s}$；

中压锅炉：$(\mathrm{d}p/\mathrm{d}\tau)_{zd} = 10 \sim 30\text{kPa/s}$；

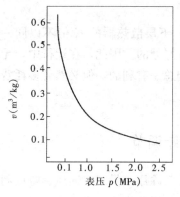

图 3-11　蒸汽比容随压力
变化的关系

高压锅炉：$(dp/d\tau)_{zd}=40\sim50\text{kPa/s}$。

也可按下式进行近似计算：

$$(dp/d\tau)_{zd}=(0.002-0.005)p \quad \text{kPa/s} \quad (3\text{-}97)$$

式中　$(dp/d\tau)_{zd}$——单位时间气压的最大变化速度，
kPa/s；

　　　　p——蒸汽的工作压力，kPa。

锅炉的集中量调节，就是通过锅炉的给水量 D_s（kg/h）的调节和锅炉燃料量 B（kg/h）的调节，使锅炉蒸汽压力维持工作压力 p 不变的条件下，改变锅炉的产汽量 D_q（一般为饱和蒸汽），以满足热负荷的变化。

图 3-11 给出了蒸汽压力与蒸汽比容的关系曲线。可以看出，当蒸汽压力 $p\leqslant0.5\text{MPa}$ 时，蒸汽比容的变化倍率极大。如果锅炉蒸汽压力在这个范围内运行，当供热负荷变化时，锅炉锅筒内蒸汽压力将会急剧波动，水位也将大幅度浮动，进而增加蒸汽含水量，降低蒸汽品质。因此，蒸汽锅炉一般都应在额定压力下运行，即使在负荷波动大的情况下，也不希望蒸汽压力降至 0.8MPa 以下运行，如果需要宁可通过减压装置降压。

（二）局部量调节

从热源生产的蒸汽经管网输送至热用户先要进入引入口装置，见图 3-12。蒸汽先送到高压汽缸 1，对于生产工艺、通风空调和热水供应负荷可直接从高压分汽缸引出。对于供暖用汽，则需从高压分汽缸引出后，先通过减压阀 3 减压，再进入低压分汽缸 2，然后送至室内供暖系统中去。各系统凝水集中至入口装置中的凝水箱 8，再用凝水泵 9 将凝水送至凝水干管，流回热源总凝水箱。

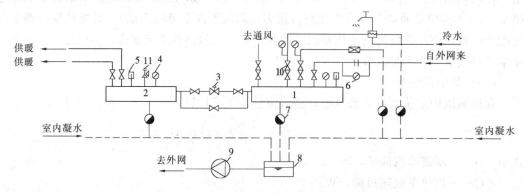

图 3-12　用户蒸汽引入口装置示意图

1—高压分汽缸；2—低压分汽缸；3—减压阀；4—压力表；5—温度表；6—流量计；
7—疏水器；8—凝水箱；9—凝水泵；10—调节阀；11—安全阀

各种热负荷的变化，通过开大或关小减压阀或调节阀 10 进行局部量调节，以蒸汽流量的变化适应热负荷的需求。

减压阀或调节阀，是通过改变阀体流通截面积的大小来进行节流降压实行蒸汽流量调节的。蒸汽流经阀门的节流前后，散热损失很小，可忽略不计，因此，节流作用实际上是属于等焓过程。在供热用的蒸汽压力范围内，高压的饱和蒸汽节流后一般成为低压的过热蒸汽；高压的湿饱和蒸汽节流后成为低压的干饱和蒸汽。

根据热力学、流体力学的基本理论，可以很方便地计算蒸汽管道节流前后蒸汽流量的变化。和热水管道一样，蒸汽管道压力降可用下式进行计算：

$$\Delta H = SG^2 \quad (\text{Pa})$$

$$S = 6.88 \times 10^{-9} \cdot \frac{K^{0.25}(l + l_d)\rho}{d^{5.25}}$$

式中　　ΔH——管道蒸汽压降，Pa；

$\quad\quad G$——蒸汽体积流量，m^3/h；

$\quad\quad S$——管道阻力特性系数，$Pa/(m^3 \cdot h^{-1})^2$；

$\quad\quad K$——管道绝对粗糙度，m，蒸汽管道一般取值 0.0002m；

$\quad\quad l$——管道长度，m；

$\quad\quad l_d$——管道局部阻力当量长度，m，由有关设计手册查取；

$\quad\quad d$——管道直径，m；

$\quad\quad \rho$——蒸汽密度，kg/m^3，饱和蒸汽压力在 0.18~1.5MPa 范围内，密度在 1.0~7.6kg/m^3 之间。

对于某一减压阀或调节阀，若预先测出阀的开度与其阻力系数 S 的关系曲线，则可以根据阀的开度即阻力系数 S 和节流前后压差，按上式算出调节后的蒸汽体积流量，再根据节流后的蒸汽参数（压力、温度），确定其比容 v 或密度 ρ，即可确定其质量流量。

二、质调节

蒸汽通过调节阀的节流，其压力、温度虽然发生了变化，但蒸汽的焓变化不大，即蒸汽通过汽水换热器或散热器所能提供的换热量基本不变，从而未体现质调节功能。若要通过质调节改变蒸汽供热量，就要对供热蒸汽既进行节流降压，又进行降温，使蒸汽流经减压阀即可降压，使蒸汽降温，应使蒸汽流经减温器。

减温器的基本原理是在管段中设置一个或多个水喷嘴，利用这些喷嘴把水喷入蒸汽中，使水吸收蒸汽中的热量而汽化，进而降低蒸汽的过热度。当蒸汽温度过高时，往往在减温的同时要减压，形成减温减压装置。图 3-13 为减温器的布置原理图。一般蒸汽在进入减温器 2 时，先要经过减压控制阀 1。减温器出口的蒸汽温度通常由冷却水的喷水量控制。来自温度回路 4 的温度传感器把减温器出口的蒸汽温度信号反馈到冷却水量调节阀 7 的膜片上，根据给定蒸汽温度（调节定位器 8），自动调节冷却水量调节阀。通过喷水量的变化，保证减温器出口的蒸汽温度维持在给定值。

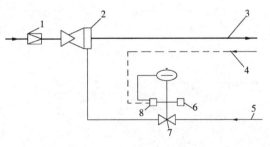

图 3-13　小型减温器布置图

1—减压控制阀；2—小型减温器；3—已减温的蒸汽；
4—温度回路；5—进水；6—过滤器；7—控制阀；8—定位器

思 考 题 与 习 题

1. 供暖系统运行调节的目的是什么？

2. 供暖系统运行调节按调节地点和调节方式各有哪几种？

3. 单纯的质调节、量调节各有什么缺点？

4. 分阶段改变流量的质调节有什么优点？供暖期内分三阶段和分二阶段时，每个阶段热源循环水泵的流量、扬程、功率理论上应为设计值的多少？

5. 分阶段改变供水温度的量调节，供暖期分三阶段改变供水温度时，各阶段的供水温度如何确定？

6. 什么叫间歇调节，间歇调节与间歇供暖是否是一回事？

7. 计算间歇调节的每日供暖小时数时，t_w''如何确定？

8. 试定性地画出质调节、量调节、分阶段改变供水流量的质调节、分阶段改变供水温度的量调节，四种集中调节方式的调节曲线。

9. 机械循环单管、双管热水供暖系统的最佳调节工况是什么？

第四章　热计量热水供暖系统的控制与调节

热计量供暖系统与传统供暖系统相比，除了需依据季节、天气变化等调节供热量外，因热用户有了一定的自主调节手段，从而使系统的流量、供回水温度具有波动与变化性。因此，更有必要关注供暖系统的控制与调节，以保证管网的水力平衡、热用户的调节可靠性以及各热用户的供暖效果。

第一节　热计量热水供暖系统的运行特点及热力工况与调节特性分析

一、热计量热水供暖系统的运行特点

热计量热水供暖系统，由于采用计量收费使热量成为一种商品，各组散热器一般均装设温控阀以及对使用房间考虑了户间传热等因素，散热器数量一般配置得较多，在正常情况下，供暖余量较大。所以，热计量供暖系统在运行上与传统供暖系统相比有如下一些特点：

1. 散热器的循环流量是随时变化的

由于散热器上的温控阀的自主及自动调节，使得热计量供暖系统散热器的循环流量随时变化，最终导致供暖系统负荷侧是变流量运行。为了保证热水锅炉的循环流量，热源侧一般是定流量运行。

2. 当室外温度较高时温控阀可能失去调节功能

由于考虑了户间传热等因素，供暖房间散热器一般配置得多，在正常条件下，供暖余量较大，为了维持设定的室温，散热器所配温控阀的开度就较小，调节功能变差，在这种情况下，当室外温度较高，供暖负荷较小时，温控阀有可能失去调节功能，使室温过高，既不舒适又浪费能源。

3. 供热公司要保证在任何时候有足够的资用压力和热量满足热用户

在实行计量收费的供暖系统中，采用计量收费使热量成为一种商品，用户有权决定自己购买多少热量，供热公司作为热量供应商应充分保证足够的热量供应用户，为保证热量的充分供应，就要保证在任何时候用户都有足够的资用压力。因此，热网的运行调节的原则是在保证充分供应的基础上尽量降低运行成本，实现节能、高效。

二、散热器热力工况分析

散热器是户内供暖系统的基本设备，散热器的热力工况直接影响到热用户的舒适性，同时也与热力管网的调节特性关系密切。在计量供暖系统中用户是通过调节散热器的散热量来改变室温的，因此更应重视散热器的热力工况，使其在满足热舒适要求的同时，达到热计量供暖系统节能的目的。

1. 对流散热器与辐射散热器热特性的比较

对外传输热量以对流为主的散热器称为对流散热器，对外传输热量以辐射方式为主的散热器称为辐射散热器。通过大量实验数据的积累，得出了按散热器实验确定的传热系数计算公式中的 b 值来大致界定两类散热器的分类方法。一般而言，对流散热器的 b 值在 $0.37\sim0.42$，而辐射散热器的 b 值较小，在 $0.17\sim0.32$ 之间。

为了进行两种散热器的热特性比较，在室温为 18℃时，做出了不同供水温度下，对流散热器和辐射散热器流量变化时其散热量的变化曲线图，如图 4-1、图 4-2。

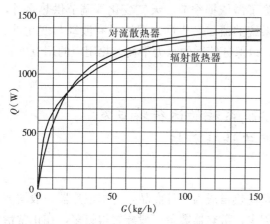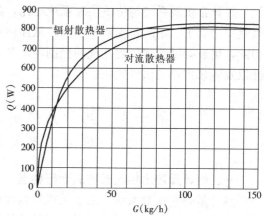

图 4-1　85℃供水温度下流量—散热量调节曲线　　图 4-2　65℃供水温度下流量—散热量调节曲线

从图 4-1、4-2 中可以看出，随着通过散热器水流量的变化，对流散热器的散热量变化率要略大于辐射散热器的变化率，即散热量随流量变化的曲率要大一些。对于热计量系统来说，用户自主调节温控阀，改变散热器流量以改变散热量，最终目的是调节室内的温度。所以，流量变化能引起较大的散热量变化的散热器较适用于热计量供暖系统。

通过两图的比较可以看出：不同的供水温度下，散热器随供水温度的调节特性是不同的，供水温度越高，散热器的调节性能越好。这就说明采用热计量技术以后，应尽量保证有较高的供水温度，以便使用户自主调节能够产生较大的室内温度变化。

从上面两个图中还可以看出，只有在通过散热器的流量较小时才能有较好的调节性，此时曲线坡度较大；当流量较大时，改变流量对散热量的影响并不明显。然而在热计量供暖系统中，希望改变调节阀使得流量变化的同时，散热器散热量也应有大的变化，最终要相应的有明显的室温变化，所以要合理选用调节阀。

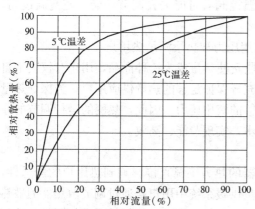

图 4-3　不同的供回水温差下
某型散热器的调节曲线

2. 不同的供回水温差对于散热器热特性的影响

为了说明不同供回水温差对于散热器热特性的影响，图 4-3 给出了以相对流量为横坐标、相对散热量为纵坐标的散热器调节特性曲线。为了更明显地比较，将图 4-3 所示的情况列表比较，表 4-1 为不同供回水温差下，流量变化对应的散热量变化；表 4-2 为不同供回水温差下，流量变化对应的散热量变化比较。

流量变化对应的散热量变化   表 4-1

温 差 \ 散热量（W）	相 同 流 量									
	100%	90%	80%	70%	60%	50%	40%	30%	20%	0%
25℃	1089	1055	1015	968	910	840	751	636	482	0
5℃	1089	1081	1071	1059	1043	1021	990	941	856	0

散 热 量 变 化 比 较   表 4-2

25℃供回水	流量变化	10%	20%	50%	80%
温差	散热量变化	3.3%	7%	23%	56%
5℃供回水	流量变化	10%	20%	50%	80%
温差	散热量变化	1%	2%	6%	21%

从上面的调节曲线及其比较可明显看出，流量变化所引起的散热量变化的速率是不相同的。供回水温差大则散热量变化大，温差小则散热量变化小。另外，当供回水温差为5℃时，流量在 0 到 20% 的范围内变化，调节曲线的斜率很大，散热量从 0 变化到 80%，而流量在 20% 到 100% 的这段范围内变化时，散热量的变化只有 20%，这充分说明小温差系统的调节性不好。当系统在小温差大流量下运行时，即使流量改变很大，也不能改变多少散热量，散热器的供回水温差越大，流量变化引起的散热量变化越明显。在采用热计量的供暖系统中，希望用户自主调节性能好，所以尽量避免大流量小温差运行。

3. 不同供水温度、流量对于散热量的影响

为了考察不同供水温度对于散热器散热量的影响，以某种型号的散热器为例进行计算得出不同散热器供水温度下的调节曲线，如图 4-4 所示。

从图中可看出，供水温度高时散热器的调节性能好。随着供水温度的降低，调节曲线越来越平缓，说明调节性能变差。当通过散热量的流量大于设计流量的 20% 以后，不同供水温度的散热器的调节曲线趋近于平行，变化率基本相同。

通过上面多方面的分析比较可以看出，散热器的散热量随温度的变化不仅与供水温度有关，还与散热器的形式、水流量、供回水温差等诸多因素有关。同时系统的水力失调必然会引起用户散热器的流量变化，而流量变化将导致用户的热力失调，但是水力失调引起热力失调的程度与上述的诸多因素有关。一般来说，在散热器流量较小时，水力失调引起的热力失调程度较大，而在流量较大时，引起的热力失调的程度较小。

三、室内供暖系统的调节特性

1. 供暖系统可调性的概念。

供暖系统中某热用户调节机构阀杆的位移能够引起热媒流量发生均匀变化，称该热用户具有可调节性。热用户的可调节性可用下式表示：

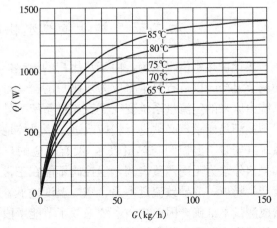

图 4-4　某型号散热器在不同供水温度下的散热量调节曲线

$$\frac{V}{V'} = \sqrt{\frac{S_a/S'_k + 1}{S_a/S'_k + S_k/S'_k}} \qquad\qquad (4\text{-}1)$$

式中　V——调节阀在某一开度下，用户装置的热媒流量，m^3/h；

　　　V'——调节阀完全开启时，用户装置的热媒流量，m^3/h；

　　　S_a——用户装置的阻力值，$Pa/(m^3/h)^2$；

　　　S_k——调节阀某一开度下的阻力值，$Pa/(m^3/h)^2$；

　　　S'_k——调节阀完全开启时的阻力值，$Pa/(m^3/h)^2$。

用户的可调节性取决于用户局部系统的阻力值与调节阀在完全开启时阻力值的比值 S_a/S'_k，以及阀杆行程中调节机构阻力值变化特征 S_k/S'_k。所以减小用户装置的阻力值，或增大调节阀全开时的阻力值，可增强用户的可调节性。

2. 单、双管供暖系统的可调性比较

单管系统与双管系统相比较，系统的可调性存在很大差别。在单管系统中，一方面由于进水温度逐层降低，可调节性变差；另一方面，为保证散热器使用的经济性，散热面积在一定范围内也不宜增加许多，故对下层散热器而言，由于供水温度降低减少了的散热量，必然要通过增加进流量来补充，然而进流量增加又会进一步减弱散热器的可调节性。

此外，由于垂直单管系统的固有特点，无论热力入口采用定流量控制还是定压差控制，处于调节立管中的未调节用户总是要受到其他用户调节行为的影响。与之相比，双管系统上下层散热器之间的相互耦合性较小，在忽略立管温降的情况下可以认为每层散热器的供水温度均相等，散热器的进出口温差近似于系统温降，一定热负荷下的进流量比单管串联系统小，双管系统中的每组散热器均处于高供水温度和小流量的工况下工作，系统的可调性较好。

单管跨越式系统由于其固有的特性，也决定了其可调性较双管系统要差。为尽可能增大单管跨越式系统的可调性，在设计时除应适当加大散热器的进出口温差，减少散热器进流量，保证旁通管一定的分流系数外，还应注意温控阀的合理选择和热力入口的控制。

第二节　热计量热水供暖系统的控制方案

热计量热水供暖系统，由于热用户的散热器上装有温控阀且供暖按热量收费，所以主动调节温控阀以节省热量将成为热用户的自觉行为，由此产生的室内系统的变化，使供暖系统由原来的定流量系统变成了变流量系统。外网若仍然采用原有的定流量控制方式，显然不能满足要求，必须进行相应改进。更具体地说，对于一个用户内控制设备完善的供暖系统（安装了温控阀与热量表），没有相应的户外控制，很难保证户内设备正常地工作。如果户外水力工况严重失调，温控阀不能在正常工况下工作，就会导致阀门频繁的开关甚至产生噪声，或导致流量不足、室内温度偏低，热量表也可能工作在有效标定流量之外，造成测量不准确。因此户内系统采取了节能手段，户外系统必须采取配合措施，否则会引起管网水力工况和热力工况的失调，节能这一根本目的就无法实现。所以，好的户内控制一定要与户外控制相结合。

一、用户入口控制方法及其控制调节模拟分析

（一）用户入口的控制方法

由于散热器温控阀的主动调节，室内热水供暖系统压力、流量随时发生变化，为保证用户质量，应在用户入口采用相应控制装置。入口控制方法主要有以下几种：

1. 用户入口不加任何控制装置

如图 4-5 所示，用户入口不加任何控制装置是指入口不加自力式压差或流量控制阀，入口只设开关用的普通阀门和静态调节用的手动平衡阀。

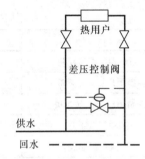

图 4-5　用户入口不加控制

2. 用户入口加差压控制阀

用户入口加差压控制阀，即入口加自力式差压控制阀控制入口压差，控制方法主要有：差压控制阀与用户串联，见图 4-6；差压控制阀与用户并联，见图 4-7；控制节点压差，见图 4-8。

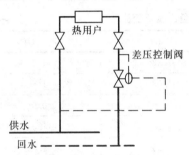

图 4-6　差压控制阀与用户串联

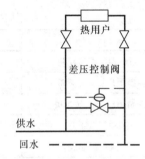

图 4-7　差压控制阀与用户并联

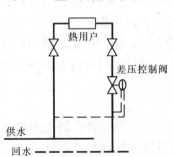

图 4-8　控制节点压差

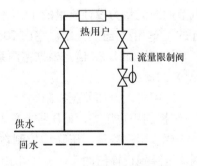

图 4-9　加流量限制阀

3. 用户入口加流量限制阀

用户入口加流量限制阀，即入口加自力式流量限制阀，其示意图如图 4-9 所示。

（二）不同入口控制方法的模拟分析

下面以热源为集中式热力站或锅炉房的供热系统为例，分别模拟分析室内供暖系统为单管跨越管系统和双管系统时，各种控制方式的调节控制效果和适用性。

1. 室内供暖系统为单管跨越式系统

以一个有 20 个用户入口的供热系统为例进行模拟分析，每个用户入口彼此完全相同，且采暖面积均为 $2400m^2$。当 19 个用户的 70% 散热器温控阀处于值班状态时，不同控制

方式下，未调节用户流量、压降的变化如表4-3。当1/4用户（即5个用户）的70％散热器温控阀处于值班状态时，不同控制方式下，被调节用户流量、压降的变化见表4-4。

不同控制方式下，未调节用户流量、压降变化 表4-3

控 制 方 式	未 调 节 用 户			外网流量变化
	Q/Q_0	DP/DP_0	DP_{AB}/DP_{AB0}	
用户入口不加控制	1.27	1.61	1.61	0.99
控制用户压差（串联）	1.01	1.03	4.51	0.78
控制用户压差（并联）	0.96	0.92	0.92	1.0
控制节点压差	1.16	1.34	0.97	1.0
加流量限制阀	0.99	0.98	1.20	1.0

注：Q/Q_0为用户调节后流量与其设计流量的比值；

　　DP/DP_0为用户调节后压降与其设计压降的比值；

　　DP_{AB}/DP_{AB0}为用户调节后节点压降与其设计值的比值。

不同控制方式下，被调节用户流量、压降变化 表4-4

控 制 方 式	Q/Q_0	DP/DP_0	DP_{AB}/DP_{AB0}
用户入口不加控制	0.83	1.22	1.22
控制用户压差（串联）	0.76	1.03	1.80
控制用户压差（并联）	0.74	0.96	0.96
控制节点压差	0.88	1.53	1.02
加流量限制阀	0.99	1.84	1.02

（1）用户入口不加任何控制。当19个用户室内70％散热器温控阀处于值班状态时，未调节用户流量为设计流量的1.27倍。若此时未调节用户室内不作调节，其压降增大到设计的1.61倍；当1/4用户室内70％温控阀处于值班状态时，用户流量已降为设计值的83％，压差增加1.22倍。根据室内系统特点，此时已不能满足该用户内未调节房间室温（16℃）的需要。

（2）用户入口加差压控制阀

1）控制用户压差，差压控制阀与用户串联。当19个用户室内70％以上温控阀值班时，未调节用户流量、压降均控制在设计值，相应其节点压差则增加到设计的4.51倍，外网流量降到设计值的78％。1/4用户室内70％散热器温控阀处于值班状态时，用户流量降为设计的76％，根据室内系统特点，此时已不能满足要求。

2）控制用户压差，差压控制阀与用户并联。当19个用户室内70％以上温控阀值班时，未调节用户流量、压降、节点压差均基本控制在设计值。1/4用户室内70％散热器温控阀处于值班状态时，被调节用户压降、节点压差控制在设计值，而流量降为设计的74％，根据室内系统特点，此时已不能满足要求。由于差压控制器的旁通作用，外网流量不变。

3）控制节点压差。当19个用户室内70％温控阀值班时，节点压差控制在设计值。未调节用户流量、压降略有增加。1/4用户室内70％散热器温控阀处于值班状态时，被调节用户流量降为设计值的0.88倍，压差增加为1.53倍。

（3）用户入口加流量限制阀。当 19 个用户室内 70％温控阀值班时，未调节用户流量、压降均控制在设计值，其相应节点压差略有增加。对被调节用户而言，由于流量限制阀定流量作用，1/4 用户内 70％温控阀处于值班状态时，用户流量、节点压差均保持设计值，用户压差增到 1.84 倍，满足室内用户要求。

通过上述分析可见：当热源为集中热力站或锅炉房时，对于室内为单管跨越式的供暖系统，为同时满足未调节用户和被调节用户的流量要求，用户入口应加自力式流量限制阀控制流量恒定。但单管跨越式系统要求准定流量的特点，将增加水泵电耗。

2. 室内供暖系统为双管系统

仍以一个有 20 个用户入口的供热系统为例（每个用户入口采暖面积均为 $2400m^2$）。当 19 个用户的 50％以上散热器温控阀处于值班状态时，不同控制方式下，未调节用户流量、压降的变化如表 4-5。当 5 个用户的 50％散热器温控阀处于值班状态时，不同控制方式下，被调节用户流量、压降的变化如表 4-6。

若入口不加控制，当 19 个用户的 50％以上散热器温控阀作值班调节时，未调节用户流量增至 1.52 倍，压降增加至 2.32 倍。当调节程度加大时，散热器温控阀处压差将过大而产生噪声。当 50％散热器温控阀处于值班状态时，被调节用户流量、压差将大于设计值。

未调节用户流量、压降变化 表 4-5

控 制 方 式	未 调 节 用 户			外网流量变化
	Q/Q_0	DP/DP_0	DP_{AB}/DP_{AB0}	
用户入口不加控制	1.52	2.32	2.32	0.83
加差压控制阀（串联）	1.00	1.01	2.60	0.53
加差压控制阀（并联）	0.99	0.98	0.98	1.0

被调节用户流量、压降变化 表 4-6

控 制 方 式	被 调 节 用 户			外网流量变化
	Q/Q_0	DP/DP_0	DP_{AB}/DP_{AB0}	
用户入口不加控制	0.90	1.14	1.14	1.0
加差压控制阀（串联）	0.86	1.02	1.17	0.97
加差压控制阀（并联）	0.85	1.02	1.01	1.0

采用差压控制阀，用户流量、压降均可保证为设计值。当 19 个用户的 50％以上散热器温控阀作值班调节时，差压控制阀与用户串联，外网流量降为设计流量的 0.53；并联时，由于差压控制阀的旁通作用，外网流量仍为设计值。可见，对于变流量系统，差压控制阀与用户串联的方式比并联方式要节能。

通过上述分析可见：当热源为集中热力站或锅炉房时，对于室内为双管的供暖系统，为同时满足未调节用户和被调节用户的要求，应在用户入口处设自力式差压控制阀，且应选择自力式差压控制阀与用户串联的控制方式。循环水泵应采用变频控制，水泵变频后，各用户流量、压降均达到设计要求，且降低了节点压力，同时水泵转速的大幅度降低，充分体现了变流量系统的节能效益。

二、热源及热力站的集中控制方法

热计量供暖系统中，热源及热力站的控制在全系统的运行调节过程中是不容忽视的重要环节，其控制的优劣直接关系到用户调节的特性及效果。

（一）热源的集中控制方法

1. 热源与热用户直接连接的系统

热源与热用户直接连接的供暖系统，有一次泵系统与二次泵系统。下面为一、二次泵供暖系统的控制方法。

（1）一次泵系统

如图4-10所示，一次泵系统也称为单级泵系统，是传统供暖系统中较常采用的系统形式。该系统中在供回水干管之间设旁通管，通过室外温度传感器、供水温度传感器的信息反馈，控制旁通管上电动阀的开度。锅炉的供水温度可视为室外温度的单值函数，依靠气候补偿器，根据室外气候温度的变化以及用户对室内温度的要求，按照设定的曲线求出适当的供水温度，在热源处控制供水温度，对系统进行质调节。另外，通过压差控制阀控制旁通管流量，从而保证热用户有足够的资用压差，并可对系统实施适当的流量调节。

（2）二次泵系统

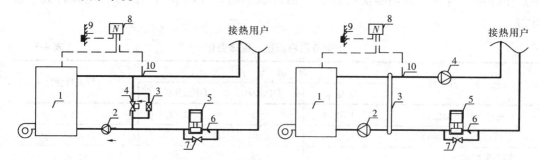

图4-10 一次泵系统

1—锅炉；2—循环水泵；3—压差控制阀；4—电动阀；5—热量计；6—过滤器；7—旁通阀；8—气候补偿器；9—室外温度传感器；10—供水温度传感器

图4-11 采用混水器的二次泵系统直接连接系统

1—锅炉；2——次水循环泵；3—混水器；4—二次水循环泵（可变频）；5—热量计；6—过滤器；7—旁通阀；8—气候补偿器；9—室外温度传感器；10—供水温度传感器

图4-11所示为二次泵系统的直接连接方式。在该供暖系统中，锅炉供出的热水进入混水器3中与二次网的回水混合，调节二次网的供水温度。二次循环泵4控制二次网的流量；通过室外温度传感器9与供水温度传感器10的反馈，由气候补偿器8传输给锅炉1的控制装置对锅炉的供水温度进行调节，从而控制二次网的供水温度。

2. 热源与热用户间接连接的系统

热源与热用户间接连接的系统又分为集中设置换热器的间接连接系统和分散设置换热器的间接连接系统。

（1）集中设置换热器的间接连接系统

图4-12为集中设置换热器间接连接系统的图示。该系统热源处集中控制的方法，也是通过室外温度传感器9与二次水供水温度传感器10的反馈，由气候补偿器8传给锅炉1的控制装置对锅炉供水温度进行调节，从而控制二次水的供水温度。

（2）分散设置换热器的间接连接系统

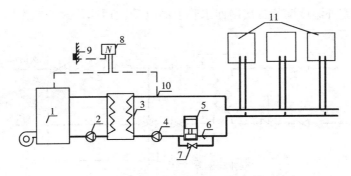

图 4-12 集中设置换热器的间接连接系统

1—锅炉；2——一次水循环泵；3—换热器；4—二次水循环泵；5—热量计；

6—过滤器；7—旁通阀；8—气候补偿器；9—室外温度传感器；10—供水

温度传感器；11—热用户

分散设置换热器的间接连接系统，一般宜在供暖建筑物的底层或地下室一定位置布置热交换器、水泵，相当于用户入口设一个小型热力站，如图 4-13 所示。

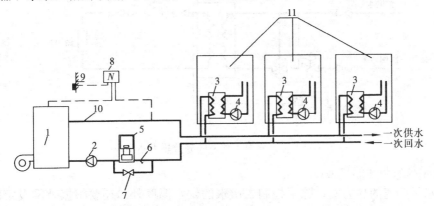

图 4-13 分散设置换热器的间接连接系统

1—锅炉；2——一次水循环泵；3—热交换器；4—二次水循环泵；5—热量计；6—过滤器；7—旁通阀；8—气候补偿器；9—室外温度传感器；10—供水温度传感器；11—热用户

这种系统热源处的集中控制，主要是通过室外的温度传感器 9 和热源供水温度传感器 10 的信息反馈，由气候补偿器 8 传给锅炉 1 的控制装置，对锅炉的燃烧工况进行调节，从而调节锅炉供水温度。

（二）热力站的集中控制方法

热力站作为连接一、二次网的关键设备，其功能不再只是一个热交换与分配站。对一次网来说，热源从热力站处获取需求信息，然后综合调配各站的供热量，调节自身出力，满足总热负荷变化，热力站从中起一个"下情上达"的作用。对于二次网来说，热力站的合理控制是保证热计量供热系统正常运行的重要环节。目前热力站大多采用间接连接形式，所以在热计量供暖系统中，应采用质、量并调的控制方式，循环水泵宜采用变频调速控制，以保证用户的可调节性。

1. 循环水泵不调速的热力站

图 4-14 所示为循环水泵不调速的间接连接集中热力站系统。该系统的控制方法是：通过调节一次网回水管上的电动二通阀改变一次水流量，保证二次供水点 A 的温度不变。

气候补偿器根据室外温度调节二次网回水管上的电动三通阀，改变二次网供水点 B 的温度，以满足用户需求。

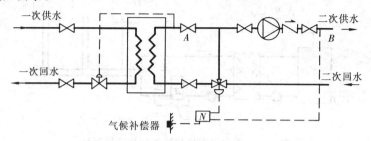

图 4-14　循环水泵不调速的集中热力站系统

对于一些分散设置在各热用户的小型间接连接的热力站（如图 4-15 所示），其控制方法是：在一次水的回水管上装设差压控制阀，保证一次水系统正常运行；气候补偿器根据室外温度，调节一次回水管上的电动两通阀，保证供水温度满足设定值。

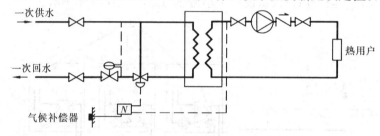

图 4-15　循环水泵不调速的分散热力站系统

2. 循环水泵调速的热力站

循环水泵调速的热力站，除了控制二次水的供水温度外，还要根据外网设定的压差（压力）控制点的压差（压力）信号对二次水循环泵进行调速，如图 4-16 所示。

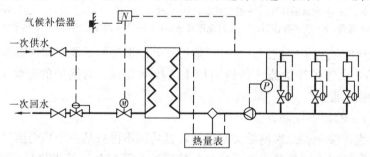

图 4-16　循环水泵调速的热力站系统

（三）热源或热力站循环水泵的调速控制

在采用热计量的热力供暖系统中，系统控制的目的是使水温及流量随时能自动地适应需求。要使系统的流量随时变化，对循环水泵必须做变频调速控制，调速控制可以采用以下两种控制方法。

1. 供回水采用定压差控制

这种控制方法是把热网某处管路上的供回水压差作为压差控制点，保持该点的供回水压差始终保持不变。例如，当用户进行调节，使热网流量减小，压差控制点的压差必然下降，改变变频水泵的转速，使该点的压差又恢复到原来的设定值，从而保持压差控制点的压差不变。其基本原理如图 4-17 所示。

采用压差控制时压差控制点的压差由压差传感器测量，控制点位置的选择一般是：当各用户需要的资用压头相同时，压差控制点可以选在最远用户处，即图 4-17 中的 P 点；当各用户所要求的资用压头不相同时，压差控制点应选在要求资用压头最大的用户处，其压差设定值为所要求的最大资用压头。这种控制方法即为控制最不利环路压差的变流量调节方法。

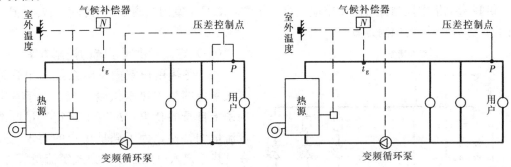

图 4-17　压差控制示意图　　　　　图 4-18　压力控制基本原理图

2. 供水采用定压力控制

将热网供水管上的某一点选为压力控制点，在运行时保证该点的压力保持不变的控制方法即为供水采用定压力控制。这种控制方法的重点是保证控制点的压力保持不变。例如，当用户调节导致热网流量增大后，压力控制点的压力必然下降，这时调高热网循环水泵的转速，使该点的压力又恢复到原来的设定值，从而保证压力控制点的压力不变。其基本原理如图 4-18 所示。

采用压力控制方法时，又可区分为以下两种情况：

（1）各个用户所要求的资用压头相同

为保证在任何时候都能满足所有用户的调节要求，把压力控制点确定在最远用户 n 的供水入口处，该用户供水入口处的压力设定值 P_n 为：

$$P_n = P_0 + \Delta P_r + \Delta P_y \tag{4-2}$$

式中　P_0——热源恒压点的压力值，设恒压点在循环水泵入口；

　　　ΔP_r——设计工况下从用户 n 到热源定压点的压降；

　　　ΔP_y——用户的资用压头。

（2）各热用户要求的资用压头不相同

这种情况下压力控制点的选择比较复杂，从理论上讲应根据上面的公式计算出各用户供水入口的压力，选其中具有最大压力的供水入口处为压力控制点。但由于热网施工安装、阀门开度大小等实际因素的影响，管路的实际阻力系数并不等于设计值，因此计算所求出的最大值并非实际上最大的数值。一般来讲，如果最远用户所要求的资用压头最大，则把最远用户供水入口处作为压力控制点；可以把压力控制点设置在主干管上离循环水泵出口约 2/3 附近的用户供水入口处，其设定值大小为设计工况下该点的供水压力值，这是一种经验性的确定方法。

控制点位置及设定值大小的选择主要是考虑降低运行能耗和保证热网调节性能的综合效果。在设定值大小相同的条件下，控制点的位置离热网循环泵的位置越近，调节能力越强，但越不利于节约运行费用；离热网循环水泵出口越远，则情况正好相反。在控制点位置确定的条件下，控制点的压力（压差）设定值选取得越大，越能保证用户在任何工况下都有足够的资用压头，但运行能耗及费用也相应增加；反之，如取值过低，运行能耗及费用虽然较低，但有可能在某些工况下无法满足用户的要求。

三、适合热计量的室外供暖系统控制方案

供暖系统集中控制方案的确定应立足于国情，立足于室内供暖系统的特点，要根据具体的情况选择不同的控制方案。

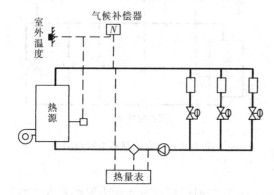

图 4-19　定流量供暖系统控制方案的直接连接系统

（一）定流量供暖系统的控制方案

对于各热用户室内供暖系统为单管跨越式系统的集中热水供暖系统，由于各室内系统自身的特点，决定了其定流量或准定流量的特性，为了满足用户的要求，除在其热用户入口处加设自力式定流量阀外，外网适合作定流量式调节。对小型直接连接系统，应采用根据室外温度控制锅炉燃烧状况，改变供水温度的方式进行调节，实现节能，如图 4-19。对于间接连接系统，应利用气候补偿器，根据室外温度，通过一次水侧回水管上的阀门，控制二次水侧供水温度，实现一次水的变流量运行，同时根据压差控制二次水循环泵转速，实现节能运行，如图 4-20。

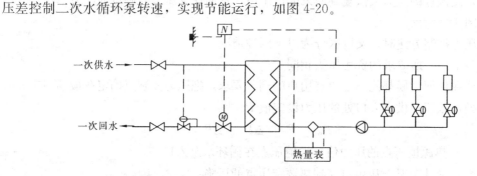

图 4-20　定流量供暖系统控制方案的间接连接系统

（二）变流量供暖系统的控制方案

对于各热用户室内供暖系统为传统垂直上下贯通式双管系统，以及适应按户设热表的新双管系统的集中供暖系统，由于各用户之间及户内各散热器之间成并联状态，在各用户入口定压差的情况下，是理想的变流量系统，外网应采用相应变流量控制方式，即在采用质调节的同时，应采取控制水泵转速的方法，使供热系统实现无级的变流量运行。如图 4-21 所示的系统，气候补偿器根据室外气温，通过一次水侧回水管上的阀门，控制二次水侧的供水温度，实现一次水的变流量运行，同时，二次水循环泵通过最不利环路的压差控制进行无级变流量运行。

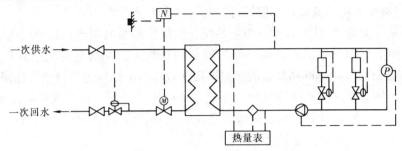

图 4-21　变流量供暖系统控制方案（控制最不利环路压差）

第三节　循环水泵的变流量调节

热计量热水供暖系统中，循环水泵的变流量运行是保证系统的最佳调节工况的必要条件之一，也是系统节能的主要措施。所以，在供暖系统设计过程中，要重点考虑循环水泵的设置与变流量运行调节方案。

一、循环水泵的设置形式及其节电分析

（一）循环水泵的设置形式

对于二次网热水供暖系统，在运行期间，换热器对循环流量大小无严格限制。因此，二次网系统采用一级泵系统即换热站循环泵与热用户循环泵合二为一的方式为宜。

对于热源为锅炉房的一次网热水供暖系统，锅炉循环流量一般不应小于额定量的 70%，这是因为：

（1）流量过小，会引起锅炉加热管水量分配不均，出现热偏差，导致锅炉爆管等事故；

（2）流量过小，会导致回水温度过低，造成锅炉尾部腐蚀。为克服这一矛盾，一次网循环水泵常采用双级泵系统，即一级泵为锅炉循环泵，二级泵为热网循环泵。具体形式如图 4-22 所示：

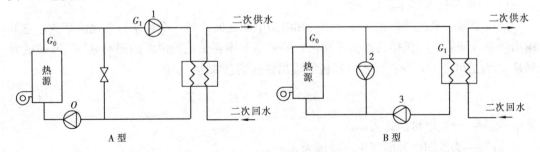

图 4-22　循环水泵设置形式

（二）节电分析

对于图 4-22 中 A 型双级泵系统，一般热源循环泵 0，采用定流量运行，而热网循环泵 1 采用变流量运行。这种双级泵变流量系统与传统的一级泵系统相比较，节电效果明显。

对于图 4-22 中 B 型双级泵系统，运行中循环泵 2、循环泵 3 都可以进行变流量调节，设 G_0 为通过锅炉的循环流量，一般运行期间保持定流量不变。

显而易见，无论 A 型和 B 型双级泵系统，锅炉循环泵的额定扬程皆取锅炉房的设计压降为宜。而 B 型双级泵的热网循环泵的额定扬程则是锅炉房和热网设计压降的总和，大于 A 型双级泵系统的热网循环泵的额定扬程（后者额定扬程为热网设计压降）。无论哪一种循环泵，额定流量都是设计流量。因此，从初投资考虑，B 型双级泵系统要大于 A 型双级泵系统。但通过计算，B 型双级泵系统运行中的节电效果好于 A 型双级泵系统，实际工程选用哪一种方案，需通过经济比较确定。

但经过粗略计算，对于二次管网，在循环水泵采用变流量调节时，当平均运行流量是设计流量的 80% 时，节电约 49%；平均运行流量是设计流量的 70% 时，节电 66%。对于一次管网，选用 A 型双级泵系统，在热网泵平均流量是设计流量的 70% 时，节电 44%；平均流量是设计流量的 50% 时，节电 57%。

二、循环泵的调节方法

对于大功率的循环泵，由于投资原因，宜采用液力耦合方式调速。在功率小于 150kW 以下的循环泵，皆可采用变频调速。变频调速与其他调速方法相比，最大的优点是调速过程转差率小，转差损耗小，能使电机实现高效调速。在变频的同时，电源电压可以根据负载大小作优化调节。在调频过程中，能使功率因素保持在 80% 以上。此外，还可以在额定电流下启动电机，从而降低配电变压器的容量。变频器体积小巧，运行平稳，可靠性高。变频调速应用于循环水泵的变流量调节，已逐渐被人们所认识。

对于多台泵并联的循环水泵，可以采用每台泵皆由变频器调速控制，也可采用其中的一台循环泵实行变频调速，其他各台循环泵都为定流量运行。采用后一种调速控制方案时，变频调速泵起着峰荷的调节作用。当热负荷较小时，只有变频调速泵运行，随着负荷的增大，变频控制柜可自动启动第二台、第三台……并联循环泵的满负荷运行；当热负荷减少时，定流量循环泵依次可自动停运。在电机功率为 75kW 以下时，循环泵的启动可由变频控制柜直接启动；当电机功率超过 75kW 以上时，采用降压启动。

三、循环水泵变频调速的变流量调节

（一）变频技术基本原理简介

所谓变频技术，就是在交流电动机和电网电源之间，装一个频率可变化的装置，它的输出频率可随着生产机械的需要而变化。即频率 f 不再是电网电源的固有频率 50Hz 或者 60Hz，而是可变的，交流异步电动机的输出转速的公式为：

$$n = \frac{60f}{P}(1-s) \tag{4-3}$$

式中　n——交流电机的转速；

　　f——为电网电源的频率（我国为 50Hz）；

　　P——为极对数；

　　s——为转差率。

将变频器的输出频率记为 f_b，代入公式得：

$$n = \frac{60f_b}{P}(1-s) \tag{4-4}$$

在转差率 s 变化不大时，交流电机的转速和 f_b 成正比。当 f 发生变化后，根据电磁感应原理，经整理可得到定子电路的电势方程式：

$$u \approx 4.44 f_b \phi \beta \omega \kappa \tag{4-5}$$

式中　u——施加于电机定子电压；

　　　f_b——电源频率；

　　　ϕ——磁通；

　　　ω——绕组匝数；

　　　κ——绕组系数。

在变频调速时，只要磁通保持不变，励磁电流和功率因素就能基本保持不变。如果磁通增加，会引起磁路过分饱和，并进入铁芯磁滞曲线的平缓区，励磁电流就会增加，功率因素降低。相反，则会使电动机的输出转矩 M 下降。从上式可见，在电源的 f 变为 f_b 后，只要电机的电压相应成比例地由 u 变为 u_b，那么电机就能正常运行。另外根据电机的最大转矩公式：

$$M_{\max} = \frac{m_1}{\omega} u^2 / 2 \left(\sqrt{r_1 + (x_1 + x_2')^2} + r_1 \right) \tag{4-6}$$

式中　$M_{\max}$——最大转矩；

　　　m_1——定子绕组相数；

　　　ω——角频率；

　　　r_1——定子绕阻电阻；

　　　x_1——定子绕组的漏阻抗；

　　　x_2'——归标过的转子绕阻的漏阻抗。

上式化简后，整理得：

$$M_{\max} \approx c \left(\frac{u^2}{f} \right)^2 \tag{4-7}$$

式中 c 为常数。

引入过载倍数 $\lambda = \dfrac{f}{u^3}$，额定转矩为 M_e，代入上式得：

$$M_e = c \frac{u}{\lambda f} \tag{4-8}$$

由上分析可知，只要 u_b / f_b 为定值，即可保证在调速过程中转矩不变。如果属于恒转矩调速，其过载能力保持不变，磁通 ϕ 也不变。同理也可证明，如果满足 u_b / f_b 为定值，系统则为恒功率调速。所以采用变频技术，将变频器和交流电动机组合后接入电网中，可以达到改变机械设备转速的目的。

（二）变频技术的优点

变频技术作为现代电力电子的核心技术之一，集现代电子、信息和智能技术于一体。针对工频（我国为 $50\,Hz$）并非是所有用电设备的最佳工作频率，因而导致许多设备长期处于低效率、低功率因数运行的现状，变频控制提供了一种成熟、应用面广的高效节能新技术。机械、电子设备采用该技术可实现：

节省有功电能，如风机、泵类变量设备的有功功耗随频率的立方近似成正比地大幅度降低；

节省峰值电能；

节省无功电能；

节约燃料，如火焰设备实现变频调速与优化控制可提高燃烧效率，从而降低能耗并减轻污染；

节约原材料，如电磁设备的重量和体积随频率的算术平方根近似成反比减少；

延长设备的使用寿命，如旋转设备的易损件的使用寿命随频率的指数近似成反比延长。

变频技术通过对电能的电压、电流、频率、相位进行变换，尤其是以大功率的频率变换为对象。变频装置是一种静止的、高效的变频与控制设备。共有四种变频类型（交—直、直—直、直—交、交—交），五种变频形式（其中直—交变频分为有源和无源两种变频形式）。

交—直变频方式：交—直变频技术即整流技术，通过二极管整流、二极管续流或晶闸管、功率晶体管可控整流实现交—直功率转换。

直—直变频方式：直—直变频技术即载波技术，通过改变功率半导体器件的通断时间，改变脉冲的频率（定宽变频），或改变脉冲的宽度（定频调宽），达到调节直流平均电压的目的；

直—交变频方式：直—交变频技术在电子学中称振荡技术，在电力电子学中称逆变技术。振荡器利用电子放大器将直流电变成不同频率的交流电乃至电磁波。逆变器利用功率开关将直流电变成不同频率的交流电。如输出交流电的频率、相位、幅值与输入的交流电相同，则称有源变频技术；否则为无源变频技术；

交—交变频方式：交—交变频技术即移相技术。它通过控制功率半导器件的导通与关断时间，实现交流无触点开关、调压、调光、调速等目的。

（三）变频水泵技术

常用的水泵电机调速方式可分为两大类：一类是滑差调速型，如液力耦合、电磁转差、液力离合和转子串阻调速等；另一类是高效调速型，如变极调速、串级调速和变频调速等。不同的调速方法，在不同流量变化范围内，其调速效率是不一样的。因此，各种调速装置的适用范围也有所不同。当流量调节范围在 90％以上时无需采用电机调速。可以采用节流调速；当流量调节范围为 100％～75％时，以采用有转差损耗的调速装置为佳；当流量调节范围在 75％以下时，才采用高效调速装置，如变频调速。

变频调速是 20 世纪 80 年代迅速发展起来的一种新型高效调速技术，它是由半导体电子元器件构成的电力变换器和三相交流电动机组成。变频调速技术的发展大致经历了以下几个阶段：

20 世纪 30 年代就有人提出交流变频调速理论，并有机械旋转式变频机组的尝试；

20 世纪 60 年代由于 SCR（晶闸管）等电力电子器件的发展，促进了变频调速技术向实用方向发展；

20 世纪 70 年代对变频技术投入力度加大，使电力电子变频调速技术有了很大发展并得到了推广应用；

20 世纪 80 年代自关断器件大功率双极性晶体管 GTR 和可关断晶闸管 GTO 的出现，使调频调速设备产品化，显示了交流调频调速技术的优越性，并广泛应用于工业部门；

20 世纪 90 年代 MOS 化场控绝缘栅晶体管 IGBT 出现，它具有开关频率高、并联容易、易于高电压大容量化、便于控制等特点，被广泛用作变频器的功率变换器件。

变频调速在计量供暖系统中的应用，以恒定供水压力为例，在输送管网的供水管上装设一个压力传感器，用来检测该点的供水压力，并把压力信号转换成 4～20mA 或 0～10V 标准信号送到变频器的模拟量输入端口，经变频器内的数据处理系统计算，并与设定压力值比较后，给出比例调节（PID）后的输入频率，以改变水泵的电机转速，来达到控制管道压力的目的，形成一个完整的闭环控制系统。当用户需求负荷增大时，用户处调节阀开大，引起系统循环水量增加、管网供水压力下降。此时，控制系统指令变频器动作，使输入频率上升，电机转速随之提高，供水压力随即回升；反之，频率降低，管道压力相应回落，最终达到供水压力的恒定。

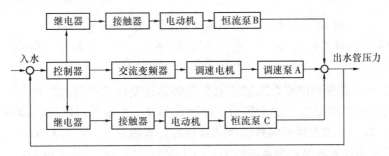

图 4-23　控制系统原理图

系统组成如图 4-23 所示，包括以 CPU 为主的主控制器，交流变频器、水泵、接触器、继电器等。设定压力数值并启动后，控制器根据水压给定值和实际值的偏差发出控制指令，该命令送往变频器的电压外给定端子，作为变频器外部给定值，驱动变频器对调速电机进行速度控制。调速泵 A 将进水管的水吸入供水管道送往用户，若用户用水量大，则引起出水管压力下降。出水管压力由压力变送器送给控制器，控制器输出相应控制信号，使变频器带动调速电机开动泵 A，泵 A 将更多的水送往用户。若调速电机已调到最大，出水管道压力仍低于给定值，则控制器命令一个继电器吸合接触器，再开动一台电机和水泵 B 供水。若此泵工作后出水管水压仍低于给定值，控制器再启动水泵 C 供水，使出水管水压达到要求。反之，当出水管水压大于给定值时，恒流泵 B、C 相继自动关闭和调速泵转速减小，使供水量减小，供水压力维持正常状态，从而完成供水全过程。该系统能使整个系统的供水压力稳定，调节过程快，动态偏差、静态偏差小。

总之，变频控制技术的应用，可使传动的电力、电子设备工作在最佳状态，使设备处于高效节能的工作状态，延长设备的使用寿命，真正体现科技以人为本的宗旨。目前，变频器正朝着数控化、高频化、数显化、高集成化、强适应性的方向发展，将掀起新一轮的技术革命。

（四）变频调速在供暖系统中的应用示例

前面已提到了热水供暖系统循环水泵的调速控制方法，下面介绍一些变频调速在热水供暖系统中的具体应用。

1. 散热器供暖系统中的应用

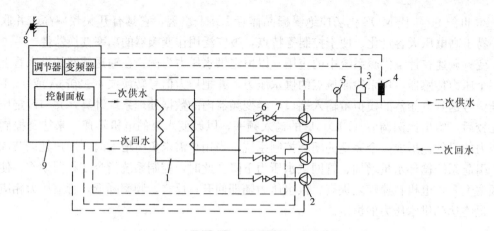

图 4-24　散热器供暖循环水泵调频变流量控制系统原理图

1—换热器；2—循环水泵；3—压力传感器；4—水温传感器；5—弹簧压力表；6—止回阀；7—关断
阀；8—外温传感器；9—调频控制柜

图 4-24 给出了散热器供暖系统循环水泵变频调速变流量控制的原理图。该系统的控制参数为系统的供回水压差或供水压力。控制过程是，由室外温度传感器测出室外温度（根据系统滞后特点，需对瞬时室外温度测量值进行数据处理）按照相关公式计算出室外温度的对应系统循环流量值，再遵循有关水力工况的计算方法，确定出相对应的系统供回水压差（或供水压力）作为控制设定值，通过变频控制柜中的调节器对该值与系统压差（或压力）实测值（由压力传感器测出）的比较，指令变频器进行变频，进而实现变流量的控制。

这里需要指出的是压力（或压差）设定值是变动的，它是系统循环流量和室外温度的函数，对于具体的工程，调节器应能通过软件进行实地计算。由于采用压力或压差作为控制参数，其变化值的反映异常迅速，一般采用 PID 调节比较适宜。系统压力或压差的测定位置，可放在循环水泵的吸口出口处，也可放在系统末端用户的热力入口处，应根据节电效果与运行方式等综合因素确定。该系统还安装有供水温度传感器，设定了供水温度的最高限定值，当系统实际供水温度超过此值，说明系统循环水量过小，调节器应对循环流量作适当调整。

2. 低温热水地板辐射供暖系统中的应用

低温热水地板辐射供暖系统的变频调速变流量控制方法，基本同散热器供暖系统的变流量控制方法，其系统原理图见图 4-25 所示。

该供暖系统的供水温度一般不超过 65℃，供回水温差以 10℃ 为宜。系统的变流量控制方法是：将 10℃ 供水温差设为定值，根据供暖热负荷变化导致循环流量变化，系统循环流量变化又导致压力变化，以压力的变化作为设定值，改变变频器频率，进而改变电机转速，达到系统变流量控制要求。

3. 供暖系统供热量的变频调速控制

这里主要讲述供暖系统热力站的供热量变频调速控制。至于热源，如锅炉、热泵、直燃机等，都有配套的燃烧、换热自动控制，有兴趣可参考有关资料。热力站供热量控制，传统方法是通过一次网电动调节阀的开度即改变一次网的流量进而调节二次网的水温来实

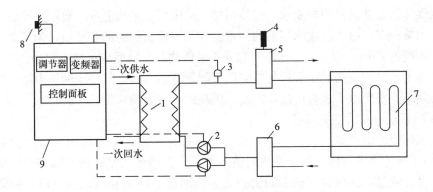

图 4-25　低温热水地板辐射供暖变频变流量控制原理图

1—热源；2—循环水泵；3—压力传感器；4—水温传感器；5—分水器；

6—集水器；7—地板辐射层；8—外温传感器；9—变频控制柜

现。变频调速技术的发展，可以采用变频水泵代替电动调节阀，由于避免了电动调节阀的节流作用，节电是显而易见的。

这种靠变频调速控制供热量的系统原理图如图 4-26 所示。当二次网采用热计量收费，循环流量进行变流量自动控制时，供热量的控制选择的调节参数应为二次网供水温度。按照质量并调的原理，给出二次网供水温度与室外温变化的对应关系值作为调节器的设定值，由变频器调节一次网加压泵的转速，以改变一次网流量，使二次网供水温度维持设定值。因二次网流量已调节为设定值，则此时热力站供出的热量一定为要求的供热量。因二次网供水温度属于瞬时变化参数，采用传统的 PID 调节即可。

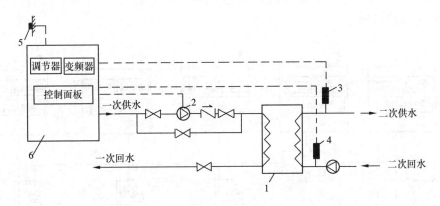

图 4-26　变频调速控制热力站供热量的系统原理图

1—换热器；2—加压泵；3—供水温度传感器；4—回水温度传感器；

5—室外温度传感器；6—变频控制柜

当二次网未采用热计量收费，循环流量未进行变流量调节时，在我国二次网的实际循环流量与设计值差别很大，有时甚至能高出几倍，在这种情况下，只控制二次网供水温度，达不到控制供热量的目的，因为只控制二次网供水温度，暗含二次网循环流量是设计值或设定值；当二次网实际流量大于设计值或设定值时，供热量必然供大于求。在这种情况下，调节参数应采用二次网供、回水温度的平均值。因为二次网供回水温度的平均值是室外温度的单值函数，与二次网的循环流量无关，只要将二次网供回水平均温度控制为设定值，则供热量必然满足用户要求。但控制二次网供回水平均温度，要比只控制二次网供水温度要困难得多。由于二次网当前的回水温度并不反映瞬时的实际值，为了真实估算回水温度，传统的 PID 的调节已不适用，宜采用采样调节、自适应等控制方法。

需要指出，采用变频增压泵代替电动调节阀是有条件的，其一次网热力站入口的供回水压差必须小于资用压头才有可能，因此，供暖系统需要特殊设计。

4. 供暖系统分布式变频调速

在我国传统的供暖系统设计中，习惯于在热源处设置一级循环水泵（可能是多泵并联），其功能既是热源循环水泵又是热网循环水泵。在循环水泵的设计选型时，循环流量等于系统设计流量，扬程等于热源阻力损失、热网阻力损失和最末端热用户的资用压头（一般为 $5\sim10\mathrm{mH_2O}$）之和。常常为了消除冷热不均，采用大流量方式运行循环水泵的选型，还要给出相当大的富余。对于这种传统的大循环水泵的设计方案，在实际运行时，靠近热源近端和中端的热用户，往往有过多的富余资用压头需要采取加设流量调节阀进行节流，以实现流量的均匀调节，否则出现了水力工况失调，影响供热效果。这种大循环水泵的供暖系统设计方案，是人为的加大了系统的热媒输送电量，又人为的用各种调节手段把多余的电能损耗掉了，这是传统设计方法的主要弊端。

这种设计方案，在调节手段应用不合理的情况下，往往出现系统末端供回水没有压差的现象。为了改善这种工况，曾经在各地盛行过末端增设加压泵的措施，但由于加压泵不能变频调速，致使系统工况更为恶化。

现在随着水泵变频调速技术的日益成熟，供热系统的设计更新提到议事日程上了。图 4-27 给出的分布式变频调速供暖系统，就是一种新的尝试。这一供暖系统的设计方案体现了以下一些设计思想。

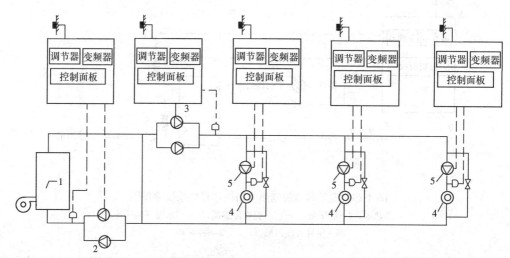

图 4-27 分布式变频调速供热系统原理图

1—热源；2—热源变频循环泵；3—热网变频循环泵；4—热用户；5—热用户变频混水增压泵

（1）将传统的单级循环泵供暖系统改为双级泵供暖系统，即将热源循环泵和热网循环泵分开；当热源与热网对循环流量的变化规律不一致时，便于变流量的调节。当供热规模较大时，热网循环泵可分设几级，由热网加压泵分担热网循环泵的功能，其目的可以降低热网循环泵的设计扬程和设计流量，进而减少多级热网循环水泵的总电功率。

（2）尽量加大供热系统的设计供回水温差，亦即减少系统设计循环水量，在热网管径不变或热网比摩阻不变的情况下，可以明显降低循环水泵的设计流量和设计扬程，如果再考虑热网循环泵不承担提供最末端用户的资用压头，则热网循环泵的设计扬程可进一步降低，这样，热源循环泵、热网循环泵和热网加压泵的电功率能更进一步的下降。

（3）每一个热用户入口增设混水加压泵，其作用有三：一是提供热用户要求的资用压头，对于近、中端的热用户可避免用调节阀节流多余的资用压头，防止这部分电能的浪费；二是经混水，增加进入热用户的循环流量以满足设计要求；三是通过混水，调节热用户的进口水温度，以便控制供热量。

（4）整个系统所有水泵都实行变频调速控制。热源循环泵和热网循环泵、热网加压泵靠设定压力调节循环水量。热用户混水加压泵靠设定的热入口供水温度，改变其转速，调节热用户的循环流量和供热量。

（5）根据上述设计思想进行的设计，能明显降低热网输送热量时水泵的设置电功率；在系统运行时，水泵全部实施变频变流量调节，节电明显；避免了以往必不可少的节流引起的节能浪费。根据上述三方面的原因，节电是非常显著的。对于一个热源设计供水温度为95/60℃，热用户设计供回水温度为80/60℃的供热系统来说，如果采用这种分布式变频调速系统，总设备（水泵）的电功率只有传统设计方案的30%，再加上变流量运行中的节电不少于50%，其经济效益是非常可观的。

思 考 题 与 习 题

1. 散热器的供水温度、供回水温差对散热器的调节性能有何影响？
2. 热计量热水室内供暖系统为单管跨越式系统和双管系统时，用户入口采用什么样的控制方法？
3. 热源或热力站循环水泵调速控制有哪两种控制方法？两种方法的控制点位置如何选择？
4. 画出热计量热水供暖热源与热用户直连的二次泵系统的控制原理图。
5. 画出热计量热水供暖系统循环水泵变速热力站的控制原理图，并说明运行控制方法。

第五章　热水供暖系统运行工况分析和人工调节

目前一些老旧热水供暖系统和小城镇中的中小型供暖系统，由于缺少自动监控系统，或有些系统热源、热力站也安装了计算机监控系统，但系统设计原理脱离实际运行工况、或监控性能不完善、或监控设备工作不正常，监控设备只能完成一部分监视功能，致使供暖系统运行工况的分析和调节仍需由人工来完成。

第一节　人工调节的必备条件

一、人员条件

需要人工调节的供暖系统，对从事供暖运行调节的技术人员要求较高，其不但要有较为扎实的供热技术理论基础，有丰富的运行调节经验，而且还要有较强的分析问题和解决问题的能力。

在供热系统运行期间，运行调节的技术人员应经常深入热源、热力站及用户现场，全面了解系统的运行实际工况和供暖的实际效果，做到心中有数。

二、监测仪表、仪器条件

供热系统运行存在问题的发现大多数需要观察供热系统各部位装设的监测仪表和仪器的显示数据，调节后系统是否运行正常也需要观察供热系统各部位装设的监测仪表和仪器的显示数据。所以，供热系统有关部位应设置便于观察、显示数据准确的监测仪表和仪器。下面介绍供热系统必备的监测仪表和仪器的安装位置。

1. 温度计

（1）单个热水锅炉设备和换热器的进出口管道上应安装温度计，以准确地观察进出单个设备的水温，了解单个设备的工作情况。

（2）热水锅炉房总供水管道和总回水管道上应安装温度计，以了解整个热源供水温度和回水温度。

（3）热力站一次网和二级网的供水、回水管道上应安装温度计，以了解热力站一次水和二次水的供回水温度。

2. 压力表

（1）单个热水锅炉设备和换热器的进出口管道上应安装压力表，以准确地观察进出单个设备的进出口介质压力，了解单个设备的工作情况。

（2）热水锅炉房总供水管道和总回水管道上应安装压力表，以了解整个热源供水压力和回水压力。

（3）热力站一次网和二级网的供水、回水管道上应安装压力表，以了解热力站一次水和二次水的供回水压力。

（4）各种水泵的进出水管道上应安装压力表，以了解水泵的实际扬程。

（5）除污器的进出水管道上应安装压力表，以了解除污器的实际阻力和积存污物情况。

3. 流量计

供热系统一般在相关部位应安装固定的流量计，以测量热水的循环流量。若安装固定的流量计无条件时，也应具备安装现场测量的便携式超声波流量计的条件。流量计一般需要安装到供热系统的如下位置上：

（1）每台热水锅炉的出水或回水管道上；

（2）热水锅炉房总出水管道或回水管道上；

（3）热力站一次水和二次水的供水或回水管道上。

三、调节和控制装置条件

要实现供热系统的流量等参数调节和控制，靠装设在供热系统管道上的普通阀门等装置是很难做到的，供热系统必须要安装调节性能优良的流量和压力控制装置。

1. 流量调节阀或自力式流量调节阀

（1）安装在热水锅炉房分水器或集水器下的各分支管道上，调节各分支路的循环水流量。

（2）安装在各热力站一级网的供水或回水管道上，调节一次水的流量。

（3）安装在各热力站二级网的分水器或集水器下的各分支管道上，调节各用户的循环水流量。

2. 压力调控装置

供热系统中的补水定压系统应安装压力控制器、常开或常闭电磁阀、安全阀，以确保供热系统的安全和稳定运行。

四、运行记录条件

为了给供热系统人工调节提供定量数据依据，供热系统运行期间必须做好运行记录。人工调节需要的供热系统有如下运行记录（每小时记录1次）：

1. 每天的室外天气情况记录（每天记录1次）

（1）天气的阴晴、风力、雨雪情况；

（2）室外最高气温、室外最低气温，以及平均气温。

2. 热源（锅炉房）设备运行情况记录（每小时记录1次）

（1）锅炉运行情况：锅炉运行台数、各台锅炉的额定出力、各台锅炉的循环水量、进水温度、出水温度、进水压力、出水压力，以及间歇运行的运行时间。

（2）循环水泵运行情况：运行循环水泵台数，各台的铭牌流量、扬程和功率，实际各台循环水泵进口压力、出口压力和流量，各台水泵实际运行的电机频率、电流。

（3）锅炉房分集水器处或热网进出锅炉房的供水温度、回水温度、供回水温差，供水压力、回水压力、供回水压差，总的或各分支管线循环流量。

（4）除污器前后的压力及压力差。

3. 供热系统各热力站运行参数记录（每小时记录1次）

（1）一级网参数记录：流量，供水温度、回水温度、供回水温差，供水压力、回水压力、供回水压差。

（2）循环水泵运行情况：运行循环水泵台数，各台的铭牌流量、扬程和功率，实际各台循环水泵进口压力、出口压力和流量，各台水泵实际运行的电机频率、电流。

（3）二级网参数记录：流量，供水温度、回水温度、供回水温差，供水压力、回水压力、供回水压差。

第二节　热水供暖系统运行工况分析和人工调节

供暖系统运行工况是否正常，应从热用户、热力站、热源，以及供热室外管道的运行情况进行分析，以做出相应的调节处理。

一、热用户室温参数分析和调节

供热系统运行的最理想的目标是各热用户可以得到需要的热量，即"按需供热"。目前，热用户室温合格率是衡量供热质量的主要指标。供热系统的各种调节，都是为了提高热用户室温合格率而做的基础工作。

（一）热用户室温参数标准和调查

1. 供暖室温标准和室温合格率的标准

（1）室温标准

现行《城镇供热系统评价标准》GB/T 50627—2010 第 6.0.2 条中规定：供暖室内温度不应低于设计温度的 2℃，且不应高于 1℃。

（2）室温合格率的标准

现行《城镇供热系统评价标准》GB/T 50627—2010 表 5.5.3 中对供热质量的规定：用户室温应达到供、用热双方合同确定室温标准或当地政府供热主管部门规定的室温标准，热用户室温合格率应在 97% 以上；用户报修应及时处理，处理及时率应达 100%。

热用户往往把自己理想的室内温度做为衡量室温是否达标的尺度，而供热部门的运行人员往往又把热用户"没有报修"作为室温已达标的依据。这些都是错误的。

2. 热用户室温的调查和汇总

为了调查供暖系统的供暖效果，应对热用户室温做调查和汇总。被调查的热用户应具有代表性，调查结果才能正确反映出用户室温的全面情况。热用户室温调查和汇总具体的做法是：

（1）首先应根据距离热力站的远近选择热用户，被测温建筑必须包括近、中、远三种类型。

（2）被测温每栋建筑按底层、中间层和顶层选择不同楼层的热用户进行测温。

（3）每层热用户按具有两面外墙和没有两面外墙，以及南向和北向选择被测温的房间。

（4）被调查的热用户数量应占全部热用户的 1% 左右。最后汇总到一起进行分析和计算室温合格率。

（5）测量室温的温度计最好采用同一个厂家生产的、统一规格的产品。为了减少纠纷，应由供热部门统一发给热用户，并统一挂在热用户被测房间的内墙 1.5m 高的固定位置上。

（二）热用户室温参数分析和调节

1. 影响用户供暖室温的因素

供暖系统情况千差万别，影响供暖用户室温的因素很多。一般有：

（1）热用户采暖系统的设计问题、安装质量问题；

（2）不同类型的采暖形式在一个系统里共存的问题，以及它们对供热参数要求不同的问题；

（3）围护结构的保温问题和散热器的遮挡问题；

（4）热用户的私接乱改问题；

（5）运行过程中过滤器堵塞问题；

（6）热源、热力站及室外供热管道的问题。

2. 热用户大多数房间室温超标的分析和调节

（1）热源附近或热力站附近的热用户室温超标的分析和调节

热源附近或热力站附近的热用户室温超标的主要原因是一级网水力平衡调节不合格，造成热源附近的热力站一级网循环水量偏大，使二级网供水温度偏高；或热力站二级网水力平衡调节不合格，造成热力站附近的热用户循环水量偏大。

该情况的人工调节方法是认真调节一级网和二级网的水力平衡。降低热源附近热力站和热力站附近热用户的循环水量。必须经过多次认真调节，直到室温合格。

（2）新供暖的热用户室温超标的分析和调节

新供暖的热用户室温超标的可能原因：一是运营初期热用户没有全部"入网"，热源"大马拉小车"，供热量超出热用户的需热量；二是系统还未进行初调节，系统水力不平衡。

若是热源"大马拉小车"，应调节热力站的一次网，减小热源的供热量；若是二次网未进行初调节，应进行初调节。

3. 热用户大多数房间室温不达标的分析和调节

（1）远离热源或热力站热用户室温不达标的分析和调节

远离热源或热力站热用户室温不达标，主要原因是一级网水力平衡调节不合格，造成热源附近的热力站一级网循环水量偏大，而远离热源的热力站一级网循环水量不足，使二级网供水温度偏低；或者二级网水力平衡调节不合格，造成热力站附近的热用户循环水量偏大，而远离热力站的热用户循环水量不足。

处理方法是认真调节一级网和二级网的水力平衡。降低热源附近热力站和热力站附近热用户的循环水量。运行人员一定要充分认识到这种现象很不容易纠正，必须经过反复多次的认真调节，才能使大部分的低温用户达到理想的室温。

出现这种情况也不排除热源或热力站或室外供热管道设计有不合理现象，或热源、热力站供暖能力不足。

（2）一般热用户室温不达标的分析和调节

一般热用户大多数房间供暖室温普遍不达标的原因较多。出现这种情况后应首先检查用户入口的供水温度、回水温度和供回水温差，供水压力、回水压力和供回水压差，必要时检查入口的流量，以分析室温不达标的原因。

若供水温度低，供回水温差、供回水压差正常，说明室温不达标的主要原因是供水温度低，应增加热源或热力站的供水温度。

若热用户供暖系统入口供水温度正常，供回水温差较大，供回水压差较小，说明系统的循环水量不足。应首先检查入口管道上除污器是否堵塞，然后校核用户入口主管管径是否过小。如果除污器堵塞，清污后即可；如果管径确实过小，而且管网的循环水泵性能和水力平衡调节均无问题，可采用相应的方法临时解决。

如果除污器未堵塞，经校核计算此处管已经合格，而且管网的循环水泵性能和水力平衡调节均无问题，也有可能是由管道中杂物堵塞造成的。这时可以由系统中各处的压力进行判断：

如果该系统的供水管压力明显低于邻近系统的供水压力，说明该系统的供水管某处堵塞。

如果该系统的供水管压力与邻近系统的供水压力基本一致，但该系统的压降很小，而且其回水管压力明显高于邻近系统的回水压力，说明该系统的回水管某处堵塞。

遇到这种情况时，为了不影响供热，只能暂时维持现状，等到停止供热后再在管道的弯头、变径或阀门等处查找故障的原因。

4. 热用户局部室温不达标的分析和调节

热用户局部室温不达标的情况较为复杂。主要原因可以归纳为以下几种：

（1）采暖系统设计不合理。

（2）热用户"私接乱改"。

（3）采暖系统未经过初调节，系统水力失调。

（4）系统局部阀门开度不足或管道堵塞。

（5）散热器或管道局部积存空气。

（6）热网为热用户供暖系统提供的资用压差有不足。

出现热用户局部室温不达标情况，应在认真的调查分析基础上，首先从排除积存空气，开大阀门，清洗过滤器做起，逐步查找原因解决问题。管道堵塞、系统水力不平衡等问题，通过耐心、细致的查找、调节可以在几天的时间内得到解决；采暖系统设计不合理和热网为热用户供暖系统提供的资用压差不足造成的局部室温不达标的问题一时难以解决。

二、热力站运行工况分析和调节

（一）热力站温度参数的分析和采用的调节处理措施

热力站的各种温度（一级网和二级网的供、回水温度与温差），是反映全供热系统整体运行工况的主要参数，通过对它们的分析，可以了解供热系统运行的基本情况。因此，必须分析、对比每天记录的参数，及时发现和处理。

1. 以一级网温度的分析为依据，调节热力网的运行工况

（1）各热力站一级网的供水温度数据分析和调节处理措施。

查看各热力站一级网的供水温度。如果各热力站一级网的供水温度基本一致，说明管网的保温情况良好。如果远端供水温度低，说明管网保温不好，应查找原因进行维修或更换管网。

（2）各热力站一级网回水温度和供、回水温差的数据分析和调节处理措施

要重点审查一级网的回水温度和供、回水温差。如果各热力站一级网的回水温度基本相同，而且同热源的回水温度一致，说明一级网的水力平衡较好，不需要调节。

如果各热力站一级网的回水温度不同，而且差别较大，说明一级网存在水力失调现象，这时要把一级网回水温度偏高，而且供、回水温差偏小的热力站找出来，然后关小这些热力站一级网入口的流量调节设备（阀门），降低其一级网的循环水量。必须经过反复多次调节，才会在几天内使一级网的水工况得到改善。

2. 以二级网温度的分析为依据，调节热力站的运行工况

（1）二级网的温度参数的数据分析

如果各热力站的运行记录表中，相同采暖方式的热力站的二级网供水温度、回水温度和温差基本一致，说明各热力站运行工况良好。

如果某些热力站二级网的供、回水温度都偏高，说明供热量超标。这种情况一般多发生在热源附近的热力站，同时它们一级网的回水温度也会偏高。这时必须降低一级网进入热力站的水量，使二级网的供、回水温度降下来。

如果某些热力站二级网的供、回水温度都偏低，说明供热量不足。这种情况一般多发生在远离热源的热力站，同时它们一级网的回水温度也很低。

（2）对不合格工况的调节处理

对于二级网的供、回水温度都偏高的热力站，必须关小这些热力站一级网入口的流量调节设备（阀），降低一级网进入热力站的水量，使二级网的供、回水温度降下来。同时，二级网的供、回水温度都偏低的热力站的工况也会得到改善。

对于二级网供水温度偏低的热力站，还应该同时查看二级网的供水温度是否低于或等于一级网的回水温度。如果是这种情况，说明换热设备的面积不足或换热设备被水中杂质"污、堵"，应增加换热面积或冲洗、拆洗换热设备，同时还应查看除污设备的工作状态是否正常。

对于二级网供水温度偏低，而且供回水温差偏小的热力站，主要是由于二级网循环水量偏大造成的，应查看循环水泵的型号和测量循环水量。如果循环水量超出目前供热面积的需求，应降低泵的转速，或关小水泵出口阀门，二级网的供水温度就会升高，供回水温差也会加大。

（二）热力站压力参数的分析和采用的调节处理措施

热力站的压力参数不需要每天都记录，每周记录一次即可。观察和对比压力、压差的变化，主要是及时发现设备及管网的堵塞问题。

1. 除污器前后压差数据分析和调节处理措施

正常情况下，一级网和二级网除污器进、出口的压力表读值应相等，即除污器前后无压差。如果除污器出口压力小于进口压力，说明除污器有污堵现象。当压差超过0.01MPa时，就应及时反冲洗。如果反冲洗效果不佳，就应拆洗。否则由于阻力增加，循环水量就会下降，从而影响供暖效果。

2. 换热设备前后压差数据分析和调节处理措施

一般情况下换热设备一次侧的压差很小，而且不会发生变化。但换热设备的二次侧由于流量大，压差也大。当换热设备设计的换热面积合理时，二次侧的压差一般不超过0.05MPa，理想状态在0.03MPa以下。在供热初期应做好两侧压差的记录，作为判断正常工况的标准。当供热系统运行一段时间后，换热设备前后的压差比供热初期增加了0.01MPa时，就应采取冲洗措施。当压差增加了0.02MPa时，或者二次侧的供水温度低

于或等于一次侧的回水温度时，就应对换热设备进行冲洗或拆洗。

3. 循环水泵进、出口压差数据分析和调节处理措施

在供热运行的初期，应记录循环水泵进、出口压力和压差。此时水泵进、出口压差就是水泵的实际扬程。再测量出水泵的实际流量，就可以对水泵的实际性能和工作状态进行校核：

(1) 如果水泵的实际性能未达到水泵样本中的标准，说明水泵性能有问题，应设法更换，否则会影响供热效果。

(2) 如果水泵的实际工作状态偏离了该水泵的高效工作区，说明水泵选型有问题，应对水泵进行改造或更换，否则将会造成电能的大量浪费。

必须注意的是，如果水泵扬程过高而流量偏低，此时不能用加装变频调速器的方法解决。只有水泵的扬程和流量都偏高时，才能用加装变频调速器的方法解决问题。

4. 热力站管网进、出口压差的数据分析和调节处理措施

热力站二次网进、出口的压差，代表该热力站二次网的实际阻力损失和资用压差。如果热力站二次网进、出口的压差较小，说明热力站二级网循环水泵的选型不合理，或热力站内部阻力太大，应更换循环水泵或减小热力站内部阻力。

如果热力站二次网进、出口的压差较大，热力站循环水泵配置扬程和功率均较大，运行不经济，应更换水泵，使热力站运行达到既可确保供热质量，又能节约电能的目的。

三、热源运行工况分析和调节

(一) 热源运行工况的分析

热源运行工况分析是将热源的实际运行参数和原来设计制定的运行调节方案进行对比分析。包括如下几个方面：

1. 热源供热量的对比和分析

根据当日天气预报计算出的室外平均温度，计算当日热源应该提供的供热量，与热源实际输出的供热量进行对比，分析实际供热量是否满足设计供热量的要求。

2. 热源供水温度、回水温度的对比和分析

将热源实际供回水温度与按照质调节或质量调节的公式或表格计算或查找的供回水温度进行对比，分析实际热源的供回水温度是否满足预定的要求。

3. 其他有关参数的对比和分析

除上述主要运行参数与预定参数对比外，还应对比分析每台热水锅炉的实际循环水量是否正常，锅炉房管网总循环水量是否与要求的一致，除污器前后压力表读值是否一致，以分析热源水系统是否运行正常。

(二) 热源运行工况的调节

根据热源运行工况的分析，做出相应的调节：

1. 供热量不足的调节

如果热源的总供热量不足，应提高锅炉的燃烧强度，优化锅炉的燃烧操作（如：增给煤量、提高鼓、引风机转数和炉排转速等），全面提高锅炉的出力和效率。如果运行的锅炉已达到最大出力仍不能满足要求，应及时启用备用锅炉。

2. 供水温度过低的调节

如果总供热量合格，但热源的总供水温度偏低，同时供、回水温差偏小，说明热网的

总循环水量偏大。此时，应降低循环水泵的转数、关小热源旁通阀的开度，确保每台锅炉都在额定循环水量的情况下，降低热网总循环水量，使供水温度提高，供、回水温差加大。

3. 回水温度偏高的调节

如果总供水温度和热网总循环水量都合格，但热网回水温度偏高，说明热网处于水力失调状态，热源附近的热力站流量过大，致使一级网回水温度偏高；而热网远端热力站流量不足，一级网回水温度偏低。这时必须进行水力平衡的调节工作，调小近端热力站一级网的流量控制装置（或阀门），使其回水温度降低到合格水平或更低。这时，远端热力站的流量才会增加，回水温度才会升高，而热源的回水温度才会降低到合格水平。

人工调节是在供热系统运行的初级阶段，没有自动调控设备、或自控设备运行不正常时必不可少的一种运行调节方式。但为了真正实现最佳运行工况，使供热系统永远处在安全、稳定、节能的状态下运行，最终必须被计算机自动监控系统取代。而工况分析既是人工调节阶段必不可少的手段，也是计算机自动监控系统软件设计的理论基础和实践依据。

第六章　供热系统和设备的运行维护管理

第一节　供热系统和设备运行维护管理概述

即使设计、施工、调试非常完善的供热系统，若不做好维护管理工作，也不能较长久的、完全的发挥系统和其中设备的性能，保证供热效果。所以，供热系统的运行维护管理与系统的设计、施工、调试是同样重要的。

供热系统的运行维护管理包括热源的运行维护管理，管网的运行维护管理，热力站的运行维护管理及热用户的运行维护管理。

一、运行维护管理的概念和目的

（一）运行维护管理的概念

供热系统和设备的维护是指使供热系统和设备经常保持最佳状态，不降低它的使用价值的工作。

供热系统和设备管理是指充分地发挥其系统和设备的能力，并使整个供热系统的性能达到最佳状态的工作。

（二）运行维护管理的目的

供热系统和设备运行维护管理的目的是供热系统和设备给热用户创造舒适、方便的环境，满足其用热的需求，并使系统和设备保持安全和卫生的状态。通过合理的运行方式，充分发挥系统和设备的能力，同时，还要通过维护管理工作，使系统和设备的性能、状态保持到目标管理值的耐用年限，并从技术上提高设备和系统的效率，降低运行费用。

二、维护管理的内容和管理组织

（一）维护管理的内容

从工作面上看，供热系统和设备的维护管理分为：性能管理、安全管理、清扫管理和保全管理等。

性能管理指的是各系统和各设备的维护、检查工作，运行、记录工作和修理工作等。

安全管理指的是防止地震、火灾、水灾等灾害给人和设备带来的危害。

清扫管理指的是清除附着在系统和设备上的污染物（灰尘、污水、细菌等），保持环境清洁、卫生。

保全管理指的是有组织、有计划、合理地进行以上管理的管理工作。

从管理对象上看，供热系统和设备的维护管理分为：一般管理和运行管理。

一般管理指的是环境管理、人员管理和能量管理。

环境管理是使室内温度等建筑环境舒适的管理。

人员管理是制定能有效地管理运行、操作、监测和维修人员的系统和有效地进行维护管理的指挥命令系统。特别要重视对人员的教育和培训。

能量的管理在供热系统的维护管理中所占比重很大，能量管理的好坏对于整个维护管理的影响非常明显。

运行管理指的是运行监测、操作和保全等。

运行监测是指对供热系统和设备的运行状态的监测、运行记录和发现故障等。

操作是指根据预先设定的运行顺序进行启动、停止。对于供热设备来说，运行监测中一般包含了操作。

保全是指发现故障，避免降低设备性能的检查，修理工作也包括在保全中。检查的目的是发现平时运行中很难出现的性能降低的现象，观察故障的先兆及精度降低的问题等。修理包括事后保全和预防保全。事后保全指的是故障发生时迅速地进行修理工作。预防保全指的是为了预防发生故障和降低性能，事故发生前更换零部件的工作。

下面是有关维护管理方面的具体工作内容：

1. 运行监测、操作的主要工作内容

（1）根据规定的正确顺序进行启动、停止的运行操作，同时，对规定项目进行监测。

（2）为了确认系统和设备是否运行正常，必须对监测项目设定目标管理范围，作为判断设备和系统是否异常运行的依据。

（3）当发生异常征兆和紧急事故时，实施预先采取的相应措施，就能防止出现事故发生时的混乱现象和预防事故的扩大。为此，必须对运行人员进行事故发生时的应急培训等工作。

（4）及时的掌握建筑物的使用状态和设备的负荷变化情况，以便实施与变化相应的运行操作。

（5）交班时，必须向接班人介绍负荷的变化状况，异常的先兆和其他的临时工作等。

（6）顺利地完成上述工作的必备资料是：设计图纸，设计计算书，竣工图，使用说明书及相应的法规等。

2. 日常管理的主要工作内容

（1）修正运行管理监测时的错误动作。

（2）进行电、燃料等能量的管理。

（3）进行水质管理，不冻液的管理。

（4）进行预备零部件、消耗品的储藏管理。

（5）进行运行时间带及其他不同类型设备的时间管理。

（6）与保全相关的各种资料的收集和分析。

（7）给规划、设计、生产厂家提供反馈的数据。

（8）产品的缺陷、不合格及废弃产品的管理。

（9）故障的早期发现，故障的种类及确认故障的程度。

（10）设备性能变化的修正和确认。

（11）室内环境条件变化的确认和修正。

3. 安全管理的主要工作内容

（1）发现供热系统和设备中的各种异常现象。

（2）预先确定故障发生等紧急事故发生时的相应措施。

（3）对人员培训以提高其处理异常和故障发生时的能力。

（4）对管理和运行人员都要实施安全教育和专门技术教育。

4. 维护管理日志

维护管理时的各种记录，一般以运行日志的形式记录和保存。维护管理日志的一般格式见表6-1，日志由运行人员记录。

维 护 管 理 日 志 表 　　　　　表6-1

年 月 日 星期 天气					科长		班长	
维护管理人员姓名	工 作 时 间				配置部门	工作状况	特殊事项	
	早	上班	下班	值班				
检查地方					检查状况			
故障地方					故障对策			
修理（外修）					修理（内修）			
电力用量					燃料用量			
水 用 量					备　注			

（二）管理组织和人员配置

供热系统和设备的维护管理的组织和人数与系统的规模、设备的容量及运行方式、运行时间有关，同时，与运行操作、监测、巡检和修理等的业务范围也有关。

1. 管理组织

图6-1简要说明了一般的供热系统的管理组织与管理体制。

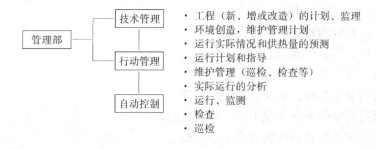

图 6-1　管理体制

2. 人员配置

维护管理人员的业务是设备的启动、停止，室内环境的调节、监测，运行记录，故障先兆的监视，发现和采取的相应措施等。维护管理人员的数量和质量对供热系统的可靠性有很大的影响。因此，维护管理人员必须了解管理对象——供热系统和设备，必须具备判断故障和分析故障原因的能力，同时还要具有维修的能力，要不断加强教育与培训。

另外，依据供热系统和设备维护管理相关的法规规定，管理人员的资格必须符合以下要求：

（1）建筑设备检查资格。根据建设部相关法规，具备建筑设备检查资格的人员，定期对建筑设备进行调查、检查，并将调查报告呈交相关管理部门。

（2）建筑物环境卫生管理技术人员。根据建设部的相关法规，建筑物环境卫生管理技术人员根据供热设备的管理标准，监督并检查建筑物是否进行了合适的维护管理。

（3）锅炉。根据劳动安全卫生法的规定，锅炉属于压力容器，必须由具备相应证书的人员进行维护管理。

（4）危险物的处理。消防法或有关政府法令规定的危险物，如油类的管理就必须接受有关部门的安全监督。

对于供热系统运行维护管理人员的定员有相关标准。燃煤锅炉房供热运行人员及热网运行维护管理人员的定员标准见表 6-2、表 6-3。

燃煤锅炉供热运行人员定员 表 6-2

供热面积 （m²）	合计	各 工 程 人 员（人）						
		管理员	司炉工	维修工	水处理	机修工	电工	上煤除灰工
5 万	19	1	6	3	2		1	6
10 万	27	1	9	4	2	1	1	9
15 万	42	1	15	5	3	2	1	15
20 万	49	1	18	6	3	2	1	18

热网运行维护人员定员标准 表 6-3

人 员 分 类	所占百分比（%）
全部职工定员人数	100
一、生产工人占全部职工定员人数	68 以上
其中：1. 直接生产工人占全部职工定员人数	45～50
2. 附属、辅助生产工人占全部职工定员人数	23～28
二、管理与工程技术人员占全部职工定员人数	18～21
其中：1. 管理与工程技术人员占全部职工定员人数	11～13
2. 服务人员占全部职工定员人数	7～8
三、其他人员占全部职工定员人数	11

三、集中燃煤热水锅炉房供暖运行管理能耗控制

（一）《城镇供热系统安全运行技术规程》的指标要求

《城镇供热系统安全运行技术规程》（CJJ/T 88—2014），对热源为燃煤锅炉热水供暖系统的能耗指标做了如下规定：

煤耗应小于或等于 50.2kg 标煤/GJ；电耗应小于或等于 7.2kWh/GJ；直接连接的供热系统失水率应控制在总循环水量的 2% 以内；间接连接的供热系统失水率应控制在总循环水量的 1% 以内。

（二）《城镇供热系统节能技术规程》的指标要求

现行《城镇供热系统节能技术规范》（CJJ/T 185—2012）对供热系统运行提出如下节能评价指标：

1. 热水锅炉房（不包括热网循环泵）总电功率与总热负荷的比值不宜大于表 6-4 规定的数值。

锅炉房电功率与热负荷比值 (kW/MW)　　表 6-4

锅炉类型	电功率与热负荷比值
层燃锅炉	14
流化床锅炉	29
燃油、燃气锅炉	4.5

2. 热网循环水泵单位输热量的耗电量不应大于规定值的 1.1 倍。

3. 热水供热系统平均补水率应符合下列规定：

(1) 间接连接热力网的热源补水率不应大于 0.5%；

(2) 直接连接热力网的热源补水率不应大于 2%；

(3) 当街区供热管网设计供回水温差大于 15℃时，热力站（或热源）补水率不应大于 1%；

(4) 当街区供热管网设计供回水温差小于或等于 15℃时，热力站（或热源）补水率不应大于 0.3%。

四、供热设备与管道的寿命和保全

(一) 设备与管道的使用年数

1. 使用年数的定义和分类

(1) 定义

设备和材料的使用年数是指该设备和材料从开始使用到达不能使用状况的时间。设备或材料的使用年数除特殊情况之外，一般不标示，因为环境条件、使用条件和维护管理方法对使用年限有很大影响。

(2) 分类

使用年数分为物理使用年数、经济使用年数、社会使用年数和法定使用年数等四类。

1) 物理使用年数：指的是因磨耗、腐蚀、损伤等原因使设备和材料不能保持原有机械性能和物理性能，而且达到不能修理的状况。周围温度、湿度、灰尘、盐类等环境条件，水质、水温、负荷状况、运行时间等使用条件和维护管理方法等对它有很大的影响。

很难定义到达使用年数的设备、材料的临终状态，但如果一定要判断，则可以下列状况为依据。

a. 故障频率增多的时候。

b. 零部件的更换变得非常困难的时候。

c. 从技术上看，到了不可能修理的时候。

d. 性能明显降低，不能维持使用上的性能和安全性能的时候。

2) 经济使用年数：指的是根据寿命周期分析方法决定的使用年数。图 6-2 给出了维护管理费、建设费和寿命周期的关系。从图可知，即使还能通过维护管理满足使用性能的要求，但维护管理费太高，当寿命周期费用增高时，则不宜继续采用这种方式。

3) 社会使用年数：从物理性能、经济观点上看，设备、材料仍能使用，但从社会的要求上看，外观不美或性能比不上新产品，当必须提高性能，并在对其他部分进行改造的时候，同时更新设备是有利的。将这种类型的年数称为社会使用年数。

4) 法定使用年数：将有关政府部门的行业组织规定的使用年数称为法定使用年数。

2. 部分供热设备和材料的法定使用年数

表 6-5 列出了建筑行业协会计算出的部分供热设备和材料的法定使用年数。

供热设备、材料法定使用年数

表 6-5

设备、材料名称		法定使用年数
锅炉	烟管	18.7
	铸铁	21.2
水　泵		17.0
管道	热水	18.0
	蒸汽	17.8

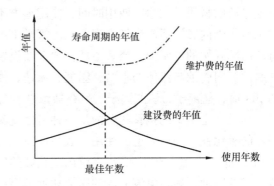

图 6-2　设备的经济使用年数

3. 设备、材料使用年数的影响因素

供热系统维护管理的好坏对设备、材料的物理使用年数和经济使用年数有很大的影响。

以下介绍一些主要设备、管道寿命终止时的状况和延长使用寿命的方法。

（1）水泵

水泵由许多零部件构成，对这些零部件的维护管理方法不同，水泵的使用年数差别将很大。水泵的泵体、轴承座等因长久使用的减耗、损伤等使水泵达不到使用的状况。水泵的泵体是有一定壁厚的铸造品，内部受到水的磨损和腐蚀，轴承座也不断减耗。为了延长水泵的寿命，就要定期地进行拆检，同时，对内外面进行防锈处理。

（2）水箱

制造水箱、高位水箱等的材质有钢板、FRP、不锈钢等。水箱本体因腐蚀成孔出现漏水现象，或因全面腐蚀降低了结构的承压能力。

一般在钢板制成的水箱内面涂上环氧树脂或尼龙树脂的防腐层，防腐层的耐久性直接影响水箱的寿命，因此，定期的检查被覆层的状态和有无锈蚀等异常情况的产生，并进行补修是十分重要的。FRP 材料制成的水箱随着运行时间的增长，材质亦会劣化，承压能力也会降低。装配式水箱因密封材质的劣化而漏水，因紧固螺栓的腐蚀而降低它的寿命，故必须对螺栓进行防腐处理。

（3）热水锅炉

钢板因炉侧或水侧的孔蚀而漏水，当锅炉全面被腐蚀后，补修就非常困难。

燃料中的硫在燃烧时生成硫酸气体，并在锅炉的低温部分冷凝、结露，加快了腐蚀炉体的速度。轻油、天然气等燃料不会产生明显的低温腐蚀，但燃重油时，则必须进行定期的清扫。

炉水侧的腐蚀是一种水的自然腐蚀现象。随着水源水质的劣化，硫酸、盐的增多等原因都会加快对钢板的腐蚀。

直接加热式锅炉给水一般为含有盐、硫酸、氧等较多的生水，因此，它的腐蚀速度比间接加热式快，寿命也短。

当采用铜管作为热水管时，在集中供热水系统强制循环过程中，溶解出的铜离子进入锅炉内加快了内部的腐蚀。防止炉水侧腐蚀的措施是添加防腐剂，或采取阳极法和外部电源法等电气防腐方法。

（4）管道

管道的材质、用途、使用时间、使用地方不同时，管道的腐蚀速度也不同。使用钢管输水时，因内腐蚀而产生红水现象，因管道不同部位的腐蚀而产生漏水现象。管道的腐蚀有从内部开始的内腐蚀，当管道埋在地下或设置在湿度大的沟内时，则产生从外面开始的外腐蚀。内腐蚀与流体的水质、温度、流速、使用时间有关。其中与水质有关的因素是水的 pH 值、盐离子、硫酸离子、残存盐浓度、含氧量和导电度等。

埋设在土壤中的钢管的腐蚀是一种自然现象，主要是铁和土中的氧和水作用后生成了稳定的氧化铁。埋地管道的使用年数与埋设土壤、施工方法、周围的状况等有关，一般可达到 20 年，但也有在 1～2 年内就出现孔蚀的腐蚀问题。短时期发生腐蚀的原因有巨大电流形成的腐蚀，迷走电流形成的腐蚀和细菌腐蚀等。

（二）设备的故障和保全

1. 设备的故障

（1）供热系统故障的定义。

设备、零部件失去规定的性能即为故障。故障可按照速度和程度分类，也可按照性能劣化的程度分类，还可以按照故障发生的状况分类。例如，故障突然发生，且完全丧失原有的性能，则称为破坏性故障，当然，也可能出现短时间的、间歇的不稳定动作或误动作等。性能劣化故障是与机器和设备的使用目的相关的故障，即是与判断标准的差异程度。不仅要计算故障的次数，而且还必须从质量，从设备和机器的性能上考虑它的诚信度。

分析故障时应考虑如下项目：什么时候发生、什么部位、什么类型、程度并分析故障的原因。同时还要考虑如下内容：故障时间、寿命分析、修理时间等，故障类型、故障现象和症状，故障发生比例、度数、故障的轻重等。

（2）故障类型。由于用丧失性能的特征表示故障类型，所以对于零部件而言，故障可分为附着、泄漏、磨耗、折损、堵塞、变形、腐蚀和断裂等 17 类。

（3）故障率是定量的分析故障的指数，常用平均故障率表示

$$平均故障率 = \frac{某个运行时间中的总故障数}{运行时间}$$

2. 设备的保全

保全分为预防保全和事故后保全两类。预防保全指的是在机器发生故障前，通过检查更换可能发生故障的部分，预防故障的方法，在相关标准中的定义是"按照规定的顺序，进行有计划的检查、试验、再调节，将运行中的故障防止于未然而进行的工作称为保全"。即将日常、定期检查和经常的保全都纳入该项工作中。但若没有计划也实行了预防保全，它同样能减少故障带来的损失，当然，也增加了维护管理的费用。两方面合计费用最低时即为最佳的维护管理状态。

事故后的保全指的是机器故障发生后所进行的修理工作，相关标准的定义是"故障发生后进行的保全"。上述定义说明，不需要定期的维护、检查费用，但若不做定期的维护、检查，则机器设备的各部分将提前减耗，可能突发故障，也可能明显地降低机器、设备的使用年数，从设备来看是不经济的。

一般根据系统、设备的初投资，保全需要的费用，系统和设备的重要性等判断保全的

方式。保全方式的分类见图 6-3。

预防保全或事故保全都能降低故障率，延长设备的使用年数。但保全并不能完全解决设备的缺陷，因此，它们的使用年数仍是有限制的。

（三）设备的更新

供热设备的使用年数与使用条件有关，大体上约为 10～20 年。当接近使用末期时，设备的故障率增大，更换零部件和改造都不能维持其性能，从经济上看，更换新设备比较有利。从社会发展看，已用的设备老化，也要求更换新的性能好的设备。

本节所述的，不仅是部分地更新已达到使用年数的设备机器，而且还通过调查已使用的整个设备的老化状态，并从长期的维护管理费用出发，考虑保全性、节能性、安全性、舒适性和法规的适应性之后，确定更新设备的效果。

设备是否需要更新，首先要确定或诊断设备的老化程度，一般按图 6-4 所示的程序诊断设备的老化。

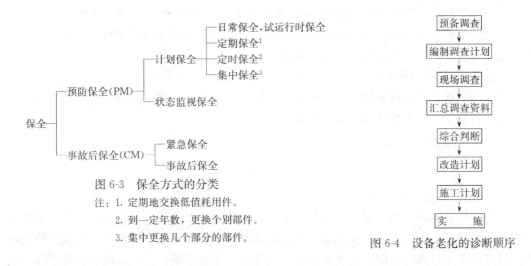

图 6-3　保全方式的分类
注：1. 定期地交换低值耗用件。
　　 2. 到一定年数，更换个别部件。
　　 3. 集中更换几个部分的部件。

图 6-4　设备老化的诊断顺序

在预备调查过程中，要根据竣工图，改造情况掌握供热的设备概况，通过阅读保全资料（维护日报、测定记录、检查记录、电费和水费等的记录）了解各种机器的状况，通过与维护管理人员的交谈，了解各种机器的使用方法、管理上存在的问题和维护管理的现况等，并进行简单的现场调查，之后，编制下阶段的调查计划。

在现场调查中，对运行或停止运行机器，通过视觉、听觉和触觉等了解腐蚀的状况，有无损伤、振动、噪声和发热的状态和有无漏水等异常问题。有时，则使用温度计、振动计、噪声计、转速计和流量计等计量仪器详细的诊断机器设备的性能。对于管道，采用千分尺测定管道测试段的剩余厚度，判断管道今后的使用年数。此外，也可采用超声波测厚计，在不切断使用管道的条件下测定管道的壁厚，但对于孔蚀的部分或管径小的管道，这种方法误差偏大，故只能在某个范围内使用。

表 6-6 是各种设备机器的综合判断标准，与以上调查结果对照，就能综合判断整个设备的老化状态，并为编制改造计划提供重要的依据。编制改造计划时要注意以下几个问题。空间的有效利用，确保更新设备机器的入口，适合法规的新要求，较高的安全性，地震时的相应措施，节能后的系统和设备的研究，管理合理化的研究等。

等　级	判　断　标　准
A	构成系统的设备与部件和构成设备的各部分状态好，且均能无故障的运行，只需做些小的调整，因此，估计今后 7 年内，运行中不会发生故障
B	构成系统的设备与部件和构成设备的各部分稍好，且能无故障的运行，若不做中等规模的准备和调节，则在今后 5 年内可能会发生故障
C	构成系统的设备与部件和构成设备的各部分性能恶化，若不做大规模的准备和调节，则在今后 3 年内可能会发生故障
D	构成系统的设备与部件和构成设备的各部分性能非常不好，若不更换设备机器，则在近期可能出现设备不能运行的问题

第二节　热力站的运行维护管理

一、运行维护管理的目的

热力站运行维护管理包括按调度指令对各热力站进行灌水、启动、调节、停运等操作，以及监测热力站及热力站设备的运行状态，目的是保持供热系统的水力、热力平衡，及时发现和排除热力站的故障、隐患，保证供热。

二、热力站的运行管理

热力站的运行管理由如图 6-5 所示的热力站启动前检查、热力站灌水、热力站启动、热力站运行调节、热力站停运五部分组成。

热力部启动前检查 → 热力站灌水 → 热力站启动 → 热力站运行调节 → 热力站停运

图 6-5　热力站运行管理

（一）热力站启动前检查

热力站启动前应对热力系统，自控、电气、仪表系统，进行启动前检查，热力系统阀门应开关灵活，严密无泄漏；换热器、除污器无堵塞；循环水泵、补水泵、地脚螺栓无松动；管路设备旁通阀已关闭；仪表系统应仪表齐全，显示准确；自控系统能正常运行，电气系统各项指标符合要求；水处理设备及补水设备正常；检查站内各设备是否有漏水情况。

检查一次网连通阀是否关闭，进出站阀门、板换进出口阀门及电动调节阀是否开启，除污器前后阀门是否开启（电动调节阀根据调度指令调整其开启度）。

检查分集水器上所有运行阀门、除污器前后阀门、循环泵入口阀及板换进出口阀门是否开启，除污器连通阀是否关闭，循环泵出口阀是否关闭。

（二）热力站注水

热力站注水前，值班人员应做好注水准备工作，启动补水泵向系统注水，对直接连接系统应先对二次系统注水。热力站内有多个环路的二次网应分环注水。注水过程要密切观察二次网压力变化，根据注水时间和压力表变化，判断二次网有无漏水，系统排气后，回水管压力达到规定数值停止注水。

（三）热力站供热启动和调节操作

1. 直接系统的启动和调节操作

直接系统启动设备操作次序为（见图 6-6）：打开阀门 2，打开阀门 6，打开阀门 5，

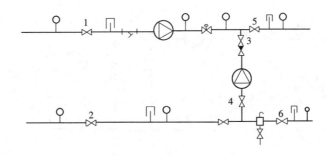

图 6-6　直接连接系统

1—外网供水阀门；2—外网回水阀门；3—混水泵出口阀门；4—混水泵
进口阀门；5—用户系统供水阀门；6—用户系统回水阀门

关闭阀门 3，缓慢打开阀门 1 和阀门 3，观察混合水温度，反复对阀门 1、阀门 3、阀门 5 进行调节，直到符合调度规定的标准为止。

2. 间接系统的启动和调节操作

（1）检查用户系统定压设备或高位水箱信号，确认用户系统是否亏水，必要时先进行补水操作。

（2）先操作二次系统，设备操作顺序为，循环泵、补水泵启动前应开启入口阀门，关闭出口阀门，打开排气阀，排出空气后，按动启动电钮，同时迅速观察配电柜指示仪表是否转换到运行状况，如果没有切换到运行状态，应迅速关闭，再重新启动。如果切换到运行状态应立即赶到泵前，慢慢开启出口阀门，同时应随时观察电流变化，使其在额定范围之内；启动运行正常后，观察二次网压力是否正常，水泵声音及电机温度是否正常、流量调节阀是否正常工作。

（3）二次系统操作完毕后，操作一次系统，设备操作顺序为：打开一次系统总回水阀门，缓慢打开一次系统总供水阀门，检查热交换器是否正常。

3. 混水加压直连系统的启动和调节操作

（1）检查用户系统压力确认是否亏水，必要时先进行补水操作。

（2）水系统要根据外网压差，供水温度情况，进行操作。当总进出口为正压差时，用户供水温度符合要求时，操作顺序为（见图 6-7）：打开总回水阀门 2 和阀门 3，打开用户系统供回水阀门 7、6，缓慢打开供水管道上的阀门 1。

（3）当总进口为负压差或用户供水温度超过指标时，应启动混合加压循环水泵，操作顺序为：关闭阀门 3，启动混合泵，根据回水压力缓慢打开阀门 5，在纯混合状态，打开阀门 3，关闭阀门 5，根据用户供水温度缓慢打开阀门 4，并进行反复调节，直到用户供水温度符合调度室的规定水温，系统循环正常为止。

4. 日常运行调节工作

（1）值班人员应严格按照调度指令建立和控制热力站的运行工况。

（2）值班人员应按时按量向调度室报告各项运行参数和有关供热情况。

（3）值班人员按时、按量认真记录各项参数，不得弄虚作假，不得涂改，保证参数的准确性和真实性。

（4）遇下列情况时值班人员应及时报公司调度室：

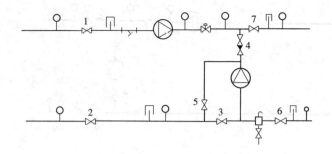

图 6-7　混水加压直接连接系统

1—外网供水阀门；2—外网回水阀门；3—混水泵进口阀门；4—混水泵出口
阀门；5—混水泵旁通阀门；6—用户系统回水阀门；7—用户系统供水阀门

1) 出现设备故障需停止热力站设备运行；

2) 停电；

3) 供电参数不符标准需停泵；

4) 需补外网水；

5) 用户向值班人员反映不热时；

6) 其他原因导致停热时。

(5) 热力站一次供回水温度和二次供回水温度及混合温度应严格按照调度室下达的水温曲线图进行调节。

(6) 值班人员应密切注意水泵、电机及站内设备的运行情况，发现问题应及时处理，及时向上级和调度室汇报。

(7) 水泵的运行电压应在 360～420V 之间，超过此范围应停泵，并通知上级和调度室。

(8) 采暖期内，因故停热后，应针对情况及时处理，及时向上级部门汇报，正常后，请示恢复供热时间，待接到调度室指令后，方能恢复供热。

(9) 供热运行中，如发现用户系统压力下降发生亏水，必须补外网水时，应向调度室请示，经同意后，方可补水，有软化设备的热力站应及时补水。

(10) 向二次系统补充一次系统循环水时，应严格控制补水截门开度，外网压降不应超过原值。补水完毕应及时向调度室汇报，并记录补水时间和补水量，补自制软水时，也应记录补水时间和补水量。

(11) 值班人员应根据二次系统参数和用户的反应在站内进行调节，尽量减少用户分系统之间的水平失调。

(12) 值班人员应认真做好交班工作，交班时间向接班人员汇报本班工作，并在值班记录表中做书面记录，待接班人员清楚后方能离岗。

(13) 接班人员接班时应认真听取交班人员的汇报，并对站内设备运行参数进行一次巡检。

(14) 交接班时出现问题，由交班人员处理。

(15) 当站内发生火灾、大量跑水等事故，已危及配电柜、电机等设备的安全时，应立即断电，采取相应措施并向调度室报告。

（四）热力站停运

当采暖期结束后，值班人员应严格按公司调度室下达的停热计划和停热通知进行停热操作。热力站停运时，应先停一次系统，后停二次系统；生活热水的热力站同时将一次供、回水阀门关闭。

如临时停运进行检查时，则需要将相应环路上的阀门关闭，如长期停运，则分集水器上下所有阀门、自来水阀门、循环泵入口阀门、一次网阀门全部关闭，切断相应设备电源；停运时，先慢慢关闭循环泵出口阀门，待出口阀快要完全关闭时，按动停止按钮，关闭出口阀；长期停运时，应将运行中有缺陷的设备进行登记，停运后向检修部门汇报检修。

三、热力站常见故障及处理

热力站在运行或试运行时，供热设备、水泵及管道附件（包括各种阀门、仪表、支吊架）发生异常，造成人身、设备受到损失，影响供热的事件，叫做热力站故障。下面为热力站常用设备、阀门、仪表的常见故障及处理方法。

（一）板式换热器常见故障及处理方法

板式换热器常见故障及处理方法见表 6-7。

板式换热器常见故障及处理方法　　　　　　　　　　　　　　表 6-7

故　障	故　障　原　因	处　理　方　式
串水	板片穿孔	更换板片
泄漏	板片裂纹或密封垫老化、变形、断裂	更换垫片或密封垫
堵塞	系统清洗不彻底，水质不合格	解体做清除杂物和除垢处理

（二）离心水泵运行中常见故障及处理方法

离心水泵运行中常见故障及处理方法见表 6-8。

离心水泵运行中常见故障及处理方法　　　　　　　　　　　　表 6-8

故障类型	主　要　原　因	处　理　方　法
水泵不出水	（1）叶轮反转 （2）水泵吸水口被泥沙或脏物堵塞 （3）吸水口漏气、叶轮密封损坏漏气	电动机重新接线 清理污物 消除漏气处，更换盘根
轴承过热	（1）润滑油质量不好或油量不足 （2）水泵与电机轴心不同位 （3）轴弯曲或轴承滚珠损坏	更换润滑油或增加润滑油 校正同心度 将轴调直或换轴，换轴承
出水量或扬程不足	（1）水泵质量不好或选用的水泵过小 （2）水泵叶轮磨损或叶轮转速低 （3）吸水管密封性差，漏气磨损 （4）水泵被泥沙或脏物堵塞	改用质量较好或流量、扬程较高的水泵 修理或更换叶轮，检修键槽 消除漏气 清理干净
振动或噪声大	（1）叶轮磨损或有泥沙脏物，不平衡，与壳体摩擦 （2）电机与水泵轴不同心 （3）地脚螺栓松动	调整或更换叶轮，清洗叶轮 校正同心度 紧固螺栓

（三）除污器常见故障及处理方法

除污器常见故障及处理方法见表 6-9。

除污器常见故障及处理方法表 表 6-9

故　障	故　障　原　因	处　理　方　法
流量小、压降大	滤网堵塞	清除除污器内积存杂质

（四）法兰泄漏及处理方法

法兰泄漏及处理方法见表 6-10。

法兰泄漏及处理方法 表 6-10

主　要　原　因	处　理　方　法
垫片材料选择不当或垫片失效	更换新垫片，垫片材料应按介质种类和工作参数选用
垫片过厚，被高压介质刺穿	改换厚度符合规定的垫片
法兰拆开后未换垫片又复位	法兰拆卸复原时应更新垫片
法兰密封面上有缺陷	深度不超过 1mm 的凹坑、径向刮伤等，在车床上旋平；深度超过 1mm 的缺陷，在清理缺陷表面后用电焊焊补，经手锉清理再磨平或旋平
相连接的两个法兰密封面不平行	将法兰侧管子割断重新安装使之与另一法兰平行
管道投入运行后，未进行热拧紧	进行适当热拧紧

（五）自立式温度调节阀常见故障及处理方法

自立式温度调节阀常见故障及处理方法见表 6-11。

自立式温度调节阀常见故障及处理方法 表 6-11

故　障	故　障　原　因	处　理　方　法
被控温度不稳定	（1）阀芯、阀座磨损	更换阀芯、阀座
	（2）阀芯、阀座间有异物卡死	清洗阀芯、阀座或在阀前设过滤器
	（3）阀口径选择过大或过小	重新计算选择合适的阀门
温度控制不住	（1）控制阀内波纹管或膜片磨损	更换新波纹管或膜片
	（2）执行器毛细管破损	更换执行器
	（3）执行器某连接处出现漏油	更换执行器

（六）自立式流量调节阀常见故障及处理方法

自立式流量调节阀常见故障及处理方法见表 6-12。

自立式流量调节阀常见故障及处理方法 表 6-12

故　障	故　障　原　因	处　理　方　法
不能自动控制	（1）控制管线堵塞	清洗控制管线
	（2）膜片破裂	更换膜片
	（3）弹簧折断	更换弹簧
	（4）阀前、阀后实际压差小于弹簧整定范围	更换合适弹簧

故　障	故　障　原　因	处　理　方　法
被控流量不稳定	（1）阀口径选择过大或过小	更换合适阀门
	（2）波纹管损坏	更换波纹管部件
	（3）阀芯、阀座磨损	更换阀芯、阀座

（七）普通阀门常见故障及处理方法

普通阀门常见故障及处理方法见表 6-13。

普通阀门常见故障及处理方法　　　　　　　　表 6-13

故　障	故　障　原　因	处　理　方　法
关闭件损坏	（1）关闭件材料选择不当	更换阀门
	（2）将闭路阀门经常当作调节阀用，高速流动的介质使密封面迅速磨损	研磨密封面或更换阀门
密封面不严密	（1）阀门与阀件（或密封圈与关闭件）配合不严密	修理或更换密封圈
	（2）阀座与阀体的螺纹加工不良，因而阀座倾斜	如无法补救应更换
	（3）关闭阀门时操作不当	用正确的操作方法关闭阀门
	（4）阀门安装时，焊渣、铁锈、尘土或其他杂质未清除干净	研磨密封面或更换阀门
阀杆升降不灵活	（1）阀杆弯曲	更换阀门
	（2）推力轴承损坏	更换推力轴承
	（3）润滑不当导致阀杆产生锈蚀	除锈加润滑剂
	（4）衬套螺纹磨损	更换阀杆衬套
填料涵泄漏	（1）整根填料螺旋装入填料涵	重新用正确的方法填装填料
	（2）填料选用不当	改用符合要求的填料
	（3）填料不足	添加填料

（八）安全阀的常见故障及排除方法

安全阀的常见故障及排除方法见表 6-14。

安全阀的常见故障及排除方法　　　　　　　　表 6-14

故　障	原　因	排　除　方　法
漏气、漏水	（1）阀芯与阀座接触面不严密、损坏或有污物 （2）阀杆与外壳之间的衬套磨损，弹簧与阀杆间隙过大或阀杆弯曲 （3）安装时，阀杆倾斜，中心线不正 （4）弹簧永久变形，失去弹性，弹簧与托盘接触不平 （5）杠杆与支点发生偏斜 （6）阀芯和阀座接触面压力不均匀 （7）弹簧压力不均，使阀盘与阀座接触不正	（1）研磨接触面，清除杂物 （2）更换衬套，调整弹簧阀杆的间隙，调整阀杆 （3）校正中心线使其垂直于阀座平面 （4）更换变形失效的弹簧 （5）检修调整杠杆 （6）检修或进行调整 （7）调整弹簧压力

故　障	原　　　因	排　除　方　法
到规定压力不排气	(1) 阀芯和阀座粘住 (2) 杠杆式安全阀杠杆被卡住，或销子生锈 (3) 杠杆式安全阀的重锤向外移动或附加了重物 (4) 弹簧式安全阀弹簧压得过紧 (5) 阀杆与外壳衬套之间的间隙过小，受热膨胀后阀杆卡住	(1) 手动提升排气试验 (2) 检修杠杆与销子 (3) 调整重锤位置，去掉附加物 (4) 放松弹簧 (5) 检修，使间隙适量
不到规定的压力排气	(1) 调整开启压力不准确 (2) 弹簧式安全阀的弹簧歪曲，失去应有弹力或出现永久弯形 (3) 杠杆式安全阀重锤未固定好前移动	(1) 校对安全阀 (2) 检查或调整弹簧 (3) 调整重锤
排气后，阀芯不回位	(1) 弹簧式安全阀弹簧歪曲 (2) 杠杆式安全阀杠杆偏斜卡住 (3) 阀芯不正或阀杆不正	(1) 检修调整弹簧 (2) 检修调整杠杆 (3) 调整阀芯和阀杆

（九）压力表的常见故障及排除方法

压力表的常见故障及排除方法见表 6-15。

压力表的常见故障及排除方法　　　　　　　　　　表 6-15

故　障	原　　　因	排　除　方　法
指针不动	(1) 旋塞没打开或位置不正确 (2) 汽连管或存水弯管或弹簧弯管内可能被污物堵塞 (3) 指针与中心轴的结合部位可能松动，指针和指针轴松动 (4) 扇形齿轮与小齿轮脱节 (5) 指针变形与刻度盘表面接触妨碍指针移动	(1) 开启旋塞 (2) 拆卸、清除污物 (3) 检修校验压力表面更换 (4) 修表、重新装好 (5) 修表紧固连杆销子
压力表指针不回零位	(1) 弹簧弯管失去弹性，形成永久变形 (2) 弯管积垢，游丝弹簧损坏 (3) 汽连管控制阀有泄漏 (4) 弹簧弯管的扩展位移，与齿轮牵动距离的长度没有调整好 (5) 指针本身不平衡或变形弯曲	(1) 修表，更换弹簧弯管 (2) 清洗弯管换游丝 (3) 修理三通旋塞 (4) 修表后进行校正 (5) 修指针
指针抖动	(1) 游丝损坏，游丝弹簧损坏 (2) 弹簧弯管自由端与连杆结合的螺钉不活动，以致弯曲管扩展移动时，使扇形齿轮有抖动现象 (3) 连杆与扇形轮结合螺钉不活动 (4) 中心轴两端弯曲，转动时，轴两端作不同心转动 (5) 连汽管的控制阀开得太快 (6) 可能受周围高频振动的影响	(1) 更换游丝及弹簧 (2) 更换清洗螺钉 (3) 清洗更换螺钉 (4) 调整轴 (5) 修理三通旋塞 (6) 排除外界干扰

故　　障	原　　因	排　除　方　法
表面模糊，内有水珠	（1）壳体与玻璃板结合面，没有橡皮垫圈，橡皮垫圈熔化，使密封不好 （2）弹簧弯曲与表座连接的焊接质量不良，有渗漏现象 （3）弹簧管有裂纹	（1）更换橡皮垫圈 （2）重新焊接 （3）更换弹簧管

第三节　供热管网的运行维护管理

一、供热管网运行维护管理的目的

供热管网运行维护管理包括按调度指令对各条管线进行启动、停运、停放水、灌水、调节等操作及监测管网及管网设备的运行状态，目的是保持供热系统的水力、热力平衡，及时发现并处理管网故障、隐患、保证供热。

二、供热管网的运行维护管理

热水管网的运行管理由如图 6-8 所示的管网启动前检查、管网充水、管网启动、管网运行调节、管网停运五部分组成。

管网启动前检查→管网充水→管网启动→管网运行调节→管网停运

图 6-8　热水管网的运行管理

蒸汽管网的运行管理由如图 6-9 所示的管网启动前检查、管网暖管、管网启动、管网运行调节、管网停运五部分组成。

管网启动前检查→管网暖管→管网启动→管网运行调节→管网停运

图 6-9　蒸汽管网的运行管理

（一）供热管网启动前的检查

供热管网启动前的检查应编制运行方案，并对系统进行全面检查，检查包括以下内容：

1. 有关阀门开关是否灵活，操作是否安全，有无跑汽、跑水可能，泄水及排空气阀门应严密，系统阀门状态应符合运行方案要求；

2. 供热管网仪表应齐全、准确，安全装置必须可靠有效；

3. 供热管网水处理及补水设备应具备运行条件；

4. 新建、改建固定支架、卡板、井室爬梯应牢固可靠；

5. 蒸汽管段内积水是否排净，有无其他影响启动的缺陷，对存在的问题作处理后方能执行下步操作。

（二）供热管网灌水、暖管

供热管网灌水、暖管应注意以下几点：

1. 管线灌水应根据热源厂的补水能力充水，严格控制阀门开度，按调度指定水量充水，充水应由热源厂等向回水管内充水，回水管充满后，通过连通管向供水管充水；

2. 在灌水过程中应随时排气，待空气排净后，将排气阀门关闭；

3. 在整个灌水过程中，应随时检查有无漏水现象；

4. 蒸汽管道根据季节、管道敷设方式及保温状况，用阀门开度大小严格控制暖管流速，暖管时要及时排出管内冷凝水，管内冷凝水放净后，及时关闭泄水阀门，暖管的恒温时间不应小于1h，当管内充满蒸汽且未发生异常现象才能逐渐开大阀门。

（三）供热管网的启动

供热管网的启动应注意以下几点：

1. 管线充满水后，由热源厂启动循环水泵或开启供水阀门，开始升压。每次升压不得超过0.3MPa，每升压一次应对热管网检查一次，重点检查设备及新检修、维护的管段。经检查无异常情况后方可继续升压；

2. 热水供热管网升温，每小时不应超过20℃。在升温过程中，应检查供热管网及补偿器、固定支架等附件的情况；

3. 蒸汽管道或热水管道投入运行后，应对系统进行全面检查，检查包括以下内容：

（1）供热管网热介质有无泄漏；

（2）补偿器运行状态是否正常；

（3）活动支架有无失稳、失跨，固定支架有无变形；

（4）阀门有无串水、串汽；

（5）疏水阀、喷射泵排水是否正常；

（6）阀门、套筒压兰、法兰等连接螺栓是否进行热拧紧。

（四）供热管网的运行调节

供热管网的运行调节包括以下内容：

1. 蒸汽管线及热水管线在使用期应每周运行检查两次，在非使用期应每周一次。在雨季、管网升温升压时，对新投入运行的管线，应增加运行检查，并填报运行日志，检查主要有下列要求：

（1）供热管道、设备及其附件不得有泄漏；

（2）供热管网设施不得有异常现象；

（3）小室不得有积水、杂物；

（4）外界施工不应妨碍供热管网正常运行及检修。

2. 供热管网上阀的操作及其开度应按调度指令执行。

（五）供热管网的停运

供热管网的停运要注意以下要求：

1. 供热管网停运前，应编制停运方案；

2. 供热管网停运的各项操作，应严格按停运方案或调度指令进行；

3. 供热管网停运，应沿介质流动方向依次关闭阀门，先关闭供水、供汽阀门，后关闭回水阀门。

4. 停运后的蒸汽管道应将疏水阀门保持开启状态，再次送汽前，严禁关闭；

5. 冬季停运的架空管道、设备及附件应做防冻保护；

6. 热水管道的停运期间，应进行防腐保护，且应每周检查一次。

三、热网的常见故障

热网在运行或试运行时，供热管道及管道附件（包括各种阀门、补偿器、支架）发生异常，造成人身、设备受到损失，影响供热的事件，叫做热网故障。

（一）管道常见故障及处理方法

管道常见故障及处理方法见表 6-16

管道常见故障及处理方法 表 6-16

故　障	故　障　原　因	处　理　方　法
泄漏	焊接缺陷，如未焊透、咬肉、气孔、夹渣、裂纹等造成泄漏，管道腐蚀造成局部泄漏	可采取挖补或补焊法等临时措施处理。停热后更换腐蚀管段
泄漏	补偿器故障导致热应力过大造成固定支架处管壁撕裂或管道刚度不足处裂缝	可找临时卡箍，停热后更换补偿器及受损管道
弯曲脱落	套筒卡死，热伸长无法吸收，造成管道弯曲，从支架上脱落	更换套筒，将管道顶复位
	滑动支墩酥裂	更换滑墩

（二）补偿器常见故障及处理方法

补偿器常见故障及处理方法见表 6-17。

补偿器常见故障及处理方法 表 6-17

补偿器种类	故障	故　障　原　因	处　理　方　法
套筒补偿器	泄漏	盘根密封不严	小泄漏可带压热拧紧；大泄漏压至零后，进行热拧紧或重新掏加盘根
	不能工作	套管因管道移位或下沉造成直管倾斜	更换套筒
		支架或滑墩损坏严重，管道下沉或移位，导致套筒卡死	修复支架或滑墩将管道复位，更换套筒
波纹管补偿器	泄漏	在热应力条件下发生的腐蚀造成穿孔	更换，并核查不锈钢材质及工作环境的 Cl^- 浓度，如 Cl^- 浓度过高，必须治理直至符合波纹管材质的要求
	不能工作	两端管道安装未能对正，导致卡死	修正复位，更换
		拉筋螺母未松开	松开拉筋
球型补偿器	泄漏	密封不严	更换密封填料
	不能工作	锈蚀严重不能工作	除锈润滑后仍不能工作时应及时更换

第四节　室内供暖系统的运行维护管理

一、运行维护管理的目的

室内供暖系统的运行是否正常，关系到供暖热用户千家万户的利益，因此，室内供暖系统供暖期内的运行维护管理和停暖期内的维护是十分重要的工作，只有做好这些工作，才能保证系统运行时水力平衡，各供暖房间室温满足设计和用户要求，隐患和故障少，达到用户满意的供暖效果。

二、室内热水供暖系统的运行管理

室内热水供暖系统的运行管理由系统启动前的检查、系统充水、系统启动和运行调节、系统停运维护四部分工作内容组成，如图 6-10 所示。

系统启动前检查 → 系统充水 → 系统运行调节与维护管理 → 系统停动维护

图 6-10 室内热水供暖系统运行管理

（一）系统启动前的检查

室内供暖系统启动前的检查要根据建筑物的性质决定检查内容，对于公共建筑的供暖系统，维护管理人员要尽可能全面的检查；住宅建筑的供暖系统，维护管理人员主要检查地沟内干管、管道井或楼梯间的立管等共用的部分，每个住户内的部分主要告知用户自己检查。检查一般应包括以下内容：

1. 入口总阀门及各立管起调节控制及关断作用的各种阀门开关是否灵活，是否在停运期内做过维护保养。

2. 入口或其他部位的过滤器是否已清洗，滤网破损的是否已更换。

3. 室内管道有无重新安装或改装过的，尤其是用户有无私自改动管道的现象。

4. 系统在上个供暖停运前检查并做过记号的存在问题的管道，阀门漏水等问题是否已修理过。

5. 室内地沟是否有集水，地沟和管道井内的管道保温层是否处于完好状态。

（二）室内系统的充水

室内供暖系统一般和庭院室外供热管道同时充水，充水时应注意以下几点：

1. 充水前几天要事先通知供暖住户，以便系统充水时家中留人，防止漏水给用户造成损失。

2. 在充水过程中要有专门人员负责立管，干管最高点及散热器的放气。

3. 在充水过程中要有专门人员负责检查各部分管道有无漏水及泄水阀未关的情况。

（三）室内系统运行调节和维护管理

在室外供热管网、热源运行调节正常的条件下，室内供暖系统的运行调节和日常维护管理主要有以下几方面工作：

1. 在初始供暖运行的一、二周内，要经常检查室内系统是否还集存有空气，是否有管道接头、阀门、散热器渗漏，室内的供暖温度及各组散热器的工作是否正常，发现有问题及时解决。

2. 若整个系统内有冷热不均的环路，要进行调节。对经调节还不热的环路或散热器要进一步检查，看其是否有堵塞，是否阀门未开。

3. 在系统运行正常后，对室内系统也应每周做一次检查。

4. 在室外气温较低的供暖期，应检查室内系统楼梯间、门厅等容易使散热器、管道冻坏地方的密封与保温状况，以免这些地方的管道、散热器冻裂。

5. 系统运行一段时间后，应定期检查和清洗管道上的过滤器滤网，以防堵塞、增大阻力影响供暖效果。

（四）室内系统的停运维护

室内供暖系统停运时及停运期内应注意以下要求：

1. 室内系统停运前，要有专人对系统做全面检查和记录。第一要检查地沟内或管道井内有无管道、阀门的渗漏，有渗漏时要记录渗漏位置并在管道或阀门上做记号。第二要检查或调查记录哪几环或哪几个散热器有不热现象，以便停运后做彻底的修理。

2. 停运期内要对停运前检查发现的问题进行检修，并对干管上、立管上的关键阀门做加压填料，螺杆涂机油、黄油，对管道油漆或保温层脱落的部位进行补修。

3. 停运后应检查清洗系统所有过滤器。

4. 系统停运后，若能不泄系统的水，尽量不泄，使系统在满水状态下湿保养，减少散热器和管道的氧腐蚀。

三、室内供暖系统的常见故障及其处理

室内供暖系统的常见故障主要是管道系统漏水和散热器不热两方面的故障。

（一）管道系统常出现的漏水故障及处理方法

管道系统常见的漏水故障及处理方法见表 6-18。

管道系统常见的漏水故障及处理方法　　　　　表 6-18

故　障	故　障　原　因	处　理　方　法
管道破裂漏水	焊口有沙眼	补焊或用卡子压堵
	管子冻裂	用卡子压堵或停水补焊
	管子腐蚀穿孔	用卡子压堵或补焊，必要时更换
螺纹连接接口漏水	接口松动	拧紧或更换填料
	外力碰撞	更换填料重新安装
阀门等附件漏水	填料及密封圈损坏	压紧压盖或更换填料、垫圈
	冻裂	更换
散热器漏水	组对接口对丝未拧紧	停水拧紧
	胶垫质量差或老化	更换胶垫

室内供暖系统由于压力波动或散热器质量等原因，有时也会出现散热器突然破裂的大量漏水现象。当该现象出现时，首先要迅速关闭散热器支管阀门或环路阀门、控制漏水，然后再更换散热器。

（二）散热器不热常见原因分析及排除方法

散热器不热是指散热器不热或热的不好，室温达不到要求。造成室内供暖系统散热器不热的原因很多，可能有设计、施工方面的原因，也有运行管理方面的原因。

1. 一个供暖建筑内的大多数散热器不热

一个楼号内的大多数散热器不热现象的出现，要从室内供暖系统本身和热源、外网系统两方面分析原因：

首先检查外网的供水温度和系统入口供回水的压差，大多数该情况出现的原因主要是外网提供的供回水压差太小，使得室内供暖系统的水流量小。造成供回压差小的原因又可能是热源或热力站循环水泵的问题或外网水力不平衡问题。

另外，楼号内大多数散热器不热时也要查找室内供暖系统的原因。例如，检查入口过滤器是否堵塞；入口阀门是否真正打开；上供下回式系统，顶部干管是否满水、存气。

2. 一个建筑内的局部散热器不热

建筑内供暖系统局部散热器不热有以下一些情况：

（1）有几层楼房的散热器不热，如上热下冷，下热上冷。

（2）有几个环路或几根立管的散热器不热。

（3）个别组散热器不热。

检查分析上述情况的原因时，应重点查找分析以下几方面：

（1）不热的散热器、立管、环路是否有空气积存处，如管道坡度不对，有上下返弯等。

（2）不热散热器所连管道上的阀门是否真正开启，是否有阀芯脱落现象。

（3）局部管道内是否有堵塞物，必要时拆开检查可疑处，并冲洗。

（4）测量入口供、回水压差是否满足要求，若入口供回水压差不足，则系统循环水量不足，必然会导致有局部散热器不热。

（5）若有局部散热器不热，又有部分散热器太热时，要对整个室内供暖系统再进行一次调节，关小太热散热器管道上的阀门，开大不热散热器的阀门。

（6）有些管道安装缺陷使局部散热器不热最难察觉，如立管与干管或立管与支管碰头时粗管上的开孔太小，或者粗管上的开孔太大，以至于使细管插入部分太多。再如，管道用砂轮切割机切断时，管口毛刺，铁膜未清理。水力计算非最不利环路上的散热器不热，就可能是上述管道安装缺陷造成的。

3. 散热器不热故障的排除

准确查找分析散热器不热的原因是排除散热器不热故障的关键，有些散热器不热，原因找到后故障很容易解决，如管道积气、阀门未开、过滤器堵塞等。有些散热器不热原因找到后，故障也不能在短时间内排除，尤其是热源循环水泵、外网水力不平衡等问题，要在多方协调下，在适当的时候才能解决。

思 考 题 与 习 题

1. 供热系统和设备运行维护管理的概念是什么？

2. 供热系统和设备维护管理的目的是什么？

3. 供热系统和设备的运行监测和操作主要有哪些内容？

4. 供热系统和设备的日常管理有哪些工作内容？

5. 供热系统和设备的安全管理有哪些工作内容？

6. 预防保全和事故保全的定义是什么？

7. 热力站、供热管网、室内供暖系统的运行管理分别由哪几部分组成？

8. 室外供热管道常见的故障有哪些？

9. 热力站板式换热器的常见故障有哪几种？

10. 试分析室内热水供暖系统某一组散热器不热的原因？

参 考 文 献

1. 陆耀庆主编. 供暖通风设计手册. 北京：中国建筑工业出版社，1987.

2. 陆耀庆主编. 实用供热空调设计手册. 北京：中国建筑工业出版社，1993.

3. 贺平，孙刚编. 供热工程. 北京：中国建筑工业出版社，1993.

4. 涂光备等编. 供热计量技术. 北京：中国建筑工业出版社，2003.

5. 赵庆利主编. 供热系统调试与运行. 北京：中国建筑工业出版社，2001.

6. 李先瑞主编. 供热空调系统运行管理、节能、诊断技术指南. 北京：中国电力出版社，2004.

7. 徐伟，邹瑜主编. 供暖系统温控与热计量技术. 北京：中国计划出版社，2000.

8. 石兆玉主编. 供热系统运行调节与控制. 北京：清华大学出版社，1994.

9. 汤惠芳，范季贤主编. 城市供热手册. 天津：天津科学技术出版社，1991.

10. 哈尔滨建筑工程学院等编. 供热工程. 北京：中国建筑工业出版社，1985.

11. 王魁吉，石张平，张定旺. 运行工况分析和人工调节技术［J］. 区域供热. 2014.